Planimetrie

Mit einem Abriß über die Kegelschnitte

Ein Lehr- und Übungsbuch zum Gebrauche
an technischen Mittelschulen

von

Dr. Adolf Heß

Professor am kantonalen Technikum
in Winterthur

Fünfte Auflage

Mit 206 Abbildungen

Springer-Verlag Berlin Heidelberg GmbH
1939

ISBN 978-3-662-35567-1   ISBN 978-3-662-36396-6 (eBook)
DOI 10.1007/978-3-662-36396-6

Inhaltsverzeichnis.

Vorwort.

Dieses Buch, aus der Unterrichtspraxis herausgewachsen, ist bestimmt für Schüler an technischen Mittelschulen; es wendet sich auch an alle jene, die nach längerer Studienunterbrechung ihre Kenntnisse in der elementaren Geometrie auffrischen und erweitern wollen.

Wohl wird überall, beim Eintritt in die technischen Mittelschulen, ein gewisses Maß von geometrischen Kenntnissen gefordert; aber die ungleiche Vorbildung der Schüler verlangt immer wieder eine Behandlung der Geometrie von Anfang an. Die Hauptgedanken bei der Abfassung dieses Leitfadens waren demgemäß: kurze Wiederholung des elementarsten Stoffes der Geometrie; Erweiterung bis zu dem Wissensumfange, wie er von jedem Techniker verlangt werden darf; beständige Rücksicht auf die wirklichen Verhältnisse; Vermeidung rein theoretischer Künsteleien und unnützen Ballastes.

Das Hauptgewicht wird auf die Übungen und Beispiele verlegt; die Resultate sind überall angegeben; einzelne Beispiele werden ausführlich besprochen. Zeichnung und Rechnung greifen beständig ineinander über. Der Stoff ordnet sich um einige wenige in den Mittelpunkt gerückte Hauptsätze. Das Buch will nicht ein fertiges Wissen geben; es will den Lernenden, wie ich hoffe, auf anregende Art, oft auf dem Wege des Neuentdeckens, zum selbständigen Denken, zum verständnisvollen Anpacken geometrischer Probleme, zum Können und dadurch zum sichern Wissen hinanführen.

Das rechtwinklige Koordinatensystem wird oft verwendet, teils zur Veranschaulichung des Zusammenhangs zweier Größen („proportional, umgekehrt proportional, proportional dem Quadrate"), teils zum Vergleichen von Näherungs- und genauen Formeln. Viel Gewicht wird auf die Größen am Einheitskreis gelegt, vor allem auf das Bogenmaß eines Winkels. Dem Buche sind Tabellen über Bogenlängen, Sehnen, Bogenhöhen, Segmente beigegeben.

Soll das geometrische Zeichnen nicht zum geistlosen Nachzeichnen bestimmter Vorlagen herabgewürdigt werden, so muß es mit dem Geometrieunterricht aufs innigste verknüpft werden; erst von diesem erhält es seinen lebendigen Inhalt. Linearzeichnen und Geometrie sind in diesem Buche zu einem Fache verschmolzen. Zum Übungsstoff im geometrischen Zeichnen rechne ich übrigens auch die graphische Darstellung der Funktionen auf Millimeterpapier.

Den Übergang zu den Kegelschnitten bildet ein Abschnitt über affine Figuren. Bei der Behandlung der Kegelschnitte wird vom rechtwinkligen Koordinatensystem in zweckmäßiger Weise Gebrauch gemacht. Die Ellipse wird zuerst als affine Figur des Kreises, die Hyperbel als Bild der Funktion $y = ab : x$ vorgeführt.

Zum Verständnis des Buches werden nur die einfachsten Kenntnisse der Algebra verlangt, Gleichungen ersten Grades und rein quadratische Gleichungen. Von den Logarithmen wird kein Gebrauch gemacht, dagegen werden die abgekürzten Rechenoperationen ausschließlich verwertet.

Die fünfte Auflage ist ein unveränderter Abdruck der vierten Auflage.

Winterthur, im Dezember 1939.

Der Verfasser.

„Nicht die Menge des Gelernten ist
die Bildung, sondern die Kraft und Eigentümlichkeit, womit sie angeeignet wurde
und zur Beurteilung eines Vorliegenden
verwendet wird."   Paulsen.

§ 1. Über Winkel.

Bewegt sich ein Punkt von einem Anfangspunkte A aus immer
in der gleichen Richtung weiter (Abb. 1), so beschreibt er eine
gerade Linie g, die auf einer Seite, bei A, begrenzt ist, auf der
andern Seite beliebig lang gedacht werden kann. Man nennt eine
solche einseitig begrenzte Linie einen Strahl. Ein durch zwei

Abb. 1.   Abb. 2.

Punkte A und B begrenztes Stück einer geraden Linie heißt eine
Strecke (Abb. 2). Oft ist es zweckmäßig, die Richtung von A
nach B von der Richtung von B nach A zu unterscheiden. Eine
Strecke, bei der man auf die Länge und auf die Richtung achtet,
heißt Vektor. Statt „gerade Linie" schlechthin sagt man oft nur
„Gerade".

a) Parallelverschiebung und Drehung eines Strahls. Zwei in
einer Ebene liegende Gerade, die sich nicht schneiden, so weit
man sie auch verlängert, sind parallel, z. B. g und g' in Abb. 3.
Jede durch B gehende Gerade, die
von g' verschieden ist, schneidet g
in einem Punkte (A). Dreht man
die Gerade l um B in dem Sinne
der Abbildung, so durchwandert A

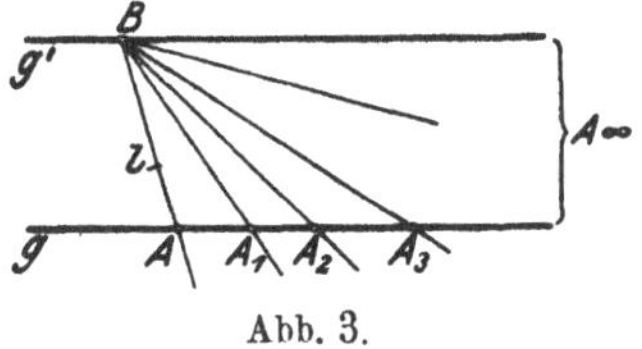

Abb. 3.

auf g der Reihe nach die Punkte $A_1, A_2, A_3 \ldots$ Ist schließlich, wie
man zu sagen pflegt, der Schnittpunkt unendlich (∞) weit weg, dann

fällt l mit g' zusammen. Statt zu sagen: „zwei Gerade sind einander parallel", bedient man sich oft der Redeweise: „zwei Gerade
gehen durch den gleichen unendlich
fernen Punkt" oder „zwei Gerade haben
die gleiche Richtung". Der Strahl g in
Abb. 4 kann mit dem parallelen Strahl
g' auch zur Deckung gebracht werden,
indem man alle Punkte auf g um gleich
viel und in der gleichen Richtung AA' verschiebt. Durch eine
Parallelverschiebung erhält ein Strahl wohl eine andere
Lage, aber keine andere Richtung.

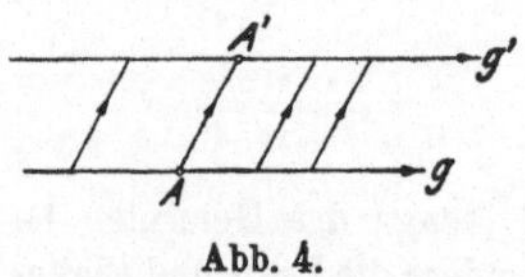

Abb. 4.

In Abb. 5 sind zwei gleich gerichtete Strahlen g und l mit
ihrem Anfangspunkte A aufeinander gelegt. Wir halten g fest und
drehen l um A, in dem in der Abbildung angegebenen Sinne, in
der Papierebene einmal rings herum. Jeder Punkt auf l beschreibt
dabei eine geschlossene Kreislinie mit dem Mittelpunkt in A. Durch
Drehung wird die Richtung eines Strahles geändert.

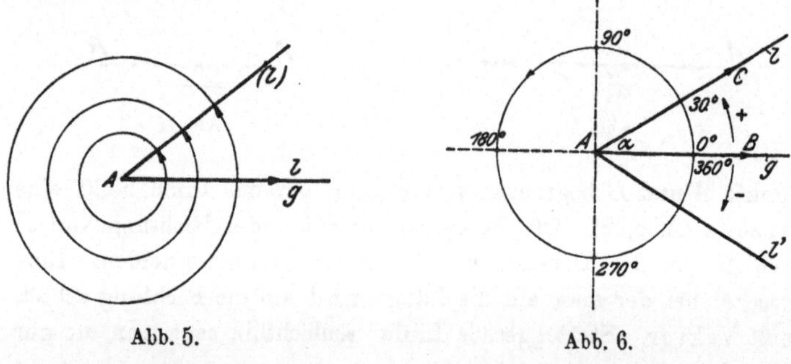

Abb. 5.   Abb. 6.

b) Winkelmaß. Um ein Maß für den Richtungsunterschied
zweier Strahlen g und l (Abb. 6) zu erhalten, denke man sich einen
beliebigen Kreis um A in 360 gleiche Teile zerlegt und die Teilpunkte der Reihe nach mit den Zahlen $0°$, $1°$, $2° \ldots 360°$ bezeichnet. Anfangs- und Endpunkt der Teilung liegen auf g. Geht l
z. B. durch den Teilpunkt $30°$, so sagt man: g schließe mit l einen
Winkel von 30 Grad $(30°)$ ein. g und l heißen die Schenkel,
A ist der Scheitel des Winkels. Die Bezeichnung $30°$ ist kein
Maß für die Länge des Kreisbogens, der zwischen den Schenkeln g
und l liegt, sondern nur für den Richtungsunterschied der beiden
Strahlen.

Um auch kleinere Richtungsunterschiede bequem angeben zu können, teilt man jeden Grad in 60 Minuten (60') und jede Minute in 60 Sekunden (60")[1]).

Die üblichen Schreibweisen für den Winkel zwischen g und l in Abb. 6 sind: $\angle gl = 30^\circ$; oder $\alpha = 30^\circ$ (gelesen: Alpha $= 30^\circ$, siehe das griechische Alphabet am Schlusse des Buches); oder $\angle BAC = 30^\circ$; dabei bezeichnet der mittlere Buchstabe A den Scheitel; B und C sind beliebige Punkte auf g und l.

Dreht man in Abb. 6 g um den Winkel 30° nach oben, also dem Drehungssinn des Uhrzeigers entgegengesetzt, so fällt g auf l. Dreht man dagegen g um den gleichen Winkel nach unten, so kommt g mit l' zur Deckung. Diese beiden Drehrichtungen müssen oft auseinandergehalten werden. Ganz willkürlich setzt man etwa den Drehungssinn, der dem des Uhrzeigers entgegengesetzt ist, als den positiven, den anderen als den negativen fest. Die Winkel werden dadurch Größen mit „Vorzeichen". Wenn wir den Ausgangsstrahl in der Winkelbezeichnung zuerst schreiben, dann ist $\angle gl = 30^\circ$; $\angle gl' = -30^\circ$ oder $+330^\circ$; $\angle l'g = 30^\circ = -330^\circ$ usw. Bei den gewöhnlichen Angaben der Planimetrie hat man jedoch auf diese Unterscheidungen nicht zu achten.

Nach einer neuen Winkelteilung entspricht einer vollen Umdrehung ein Winkel von 400°; jeder Grad hat 100 Minuten, jede Minute 100 Sekunden. Der Vorteil dieser Zentesimalteilung gegenüber der Sexagesimalteilung macht sich namentlich bei Umrechnungen von Grad in Minuten und Sekunden geltend. In der Maschinentechnik ist heute die alte, oben besprochene Winkelteilung noch vorherrschend.

In § 10 werden wir noch ein anderes Winkelmaß, das Bogenmaß, kennen lernen, das in enge Beziehung zum Messen von Längen gebracht werden kann.

Ein rechter Winkel mißt 90°. Die Schenkel stehen senkrecht ($\perp$) aufeinander.

Ein spitzer Winkel ist kleiner ($<$) als 90°.

Ein stumpfer Winkel ist größer ($>$) als 90° und kleiner ($<$) als 180°.

Ein gestreckter Winkel mißt 180°.

---

[1]) Auf einem Kreise von 100 m Radius wären zwei aufeinanderfolgende Teilpunkte für die Sekunden noch nicht einmal einen halben Millimeter voneinander entfernt.

Zwei Winkel, deren Summe 90° beträgt, heißen **Komplementwinkel.** Ergänzen sich zwei Winkel zu 180°, so werden sie Supplementwinkel genannt.

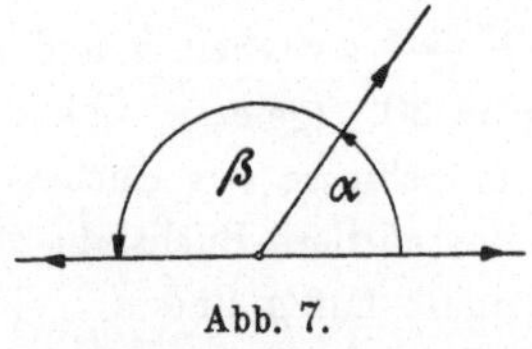

Abb. 7.

Zwei Winkel, die den Scheitelpunkt und einen Schenkel gemeinsam haben und deren andere Schenkel nach entgegengesetzten Richtungen in einer Geraden liegen, heißen **Nebenwinkel** (Abb. 7).

Die Summe zweier Nebenwinkel beträgt 180°. Zwei Nebenwinkel sind also immer Supplementwinkel, aber nicht immer sind zwei Supplementwinkel auch Nebenwinkel.

c) Parallelverschiebung und Drehung eines Winkels. Verschiebt man einen Winkel in der Papierebene so, daß kein Schenkel eine Richtungsänderung erfährt, dann sagt man, der Winkel sei „parallel verschoben" worden. Der Winkel hat sich bei dieser Parallelverschiebung nicht geändert. Ebensowenig ändert sich ein Winkel, wenn man ihn dreht, d. h. wenn man beide Schenkel um den Scheitel im gleichen Sinne und um gleich viel dreht.

Ein Winkel wird in seiner Größe weder durch Parallelverschiebung noch durch Drehung geändert.

Die Winkel α und γ, sowie β und δ links in der Abb. 8 werden **Scheitelwinkel** genannt. Durch Drehung um 180° kann man α mit γ und β mit δ zur Deckung bringen. **Scheitelwinkel sind gleich.**

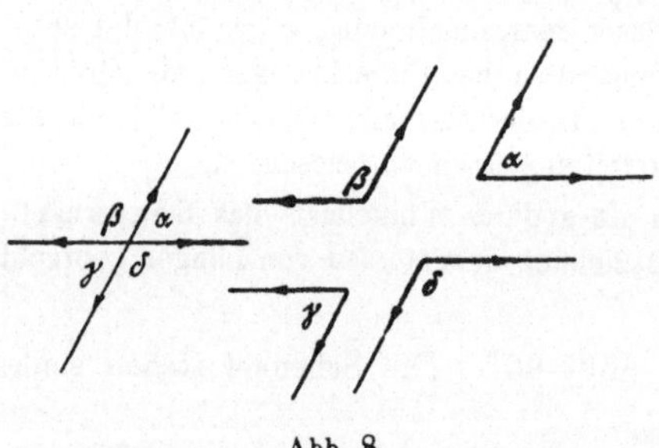

Abb. 8.

Durch Parallelverschiebung mögen die vier Winkel α, β, γ, δ links in der Abb. 8 in die gleichbezeichneten Winkel rechts in der gleichen Abbildung übergeführt werden. Alle vier Winkel rechts haben paarweise parallele Schenkel. Beachtet man nur das Parallelsein, nicht aber die Richtung der Schenkel, so kann man sagen: **Winkel mit paarweise parallelen Schenkeln sind gleich oder sie ergänzen sich zu 180°.** Wann trifft das eine und wann das andere zu?

Die beiden Geraden g und l links in der Abb. 9 sind je um 90° im positiven Drehungssinn in die Lage $g'l'$ gedreht und dann durch Parallelverschiebung in die Lage $g''l''$ rechts übergeführt worden. Die Abbildung lehrt: Winkel mit paarweise auf-

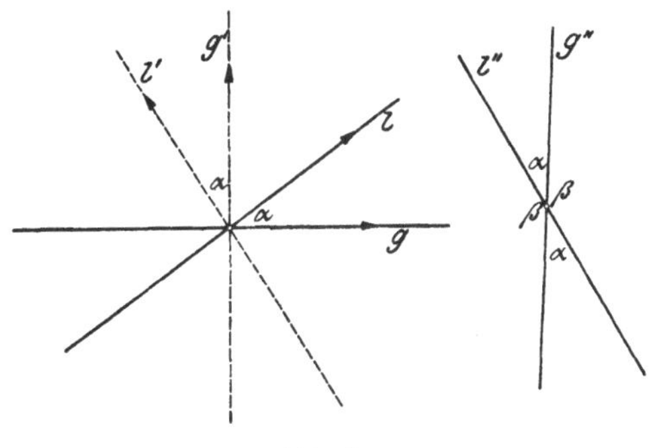

Abb. 9.

einander senkrecht stehenden Schenkeln sind gleich oder sie ergänzen sich zu 180° $(g'' \perp g; \, l'' \perp l)$. Man versuche festzustellen, wann das eine und wann das andere zutrifft.

d) Winkelsumme in einem Dreieck. Außenwinkel. Die Winkel x, y, z der Abb. 10 heißen Außenwinkel des Dreiecks. Wir denken uns die Gerade g um den Punkt C im positiven Sinne in die Lage l gedreht, dann im gleichen Sinne um den Punkt B in die Lage m und schließlich um A in die Anfangslage g zurück. Da g eine vollständige Umdrehung gemacht hat, ist $x + y + z$ $= 360°$. Anderseits ist

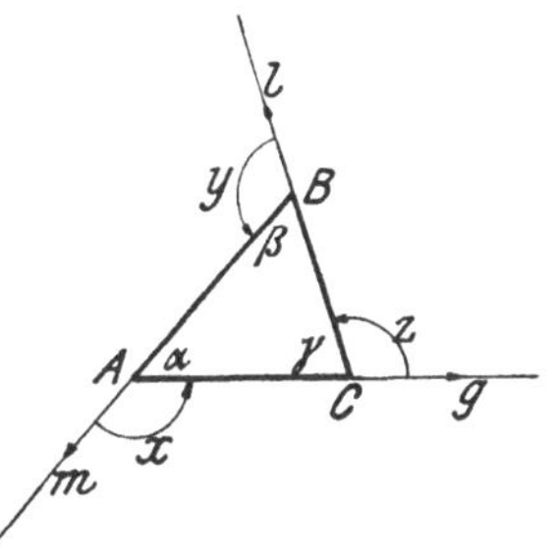

Abb. 10.

$$(\alpha + x) + (\beta + y) + (\gamma + z) = 3 \cdot 180° = 540°.$$

Subtrahiert man hiervon $\quad x + \quad\quad y + \quad\quad z = \quad\quad\quad\quad 360°,$

so erhält man $\quad\quad\quad\quad\quad\quad \alpha + \beta + \gamma = \quad 180°.$

d. h. die Summe der drei Winkel eines beliebigen Dreiecks beträgt 180°.

Da $\alpha + \beta + \gamma = 180°$, ist $\alpha + \beta = 180° - \gamma$; anderseits ist nach der Abbildung $180° - \gamma = z$, daher ist

$\alpha + \beta = z$; ebenso ist $\alpha + \gamma = y$ und $\beta + \gamma = x$,
d. h. jeder Außenwinkel eines Dreiecks ist gleich der Summe der beiden ihm nicht anliegenden Innenwinkel.

Mit Rücksicht auf die Winkel teilt man die Dreiecke ein in recht-, stumpf- und spitzwinklige, je nachdem sie einen rechten, einen stumpfen oder nur spitze Winkel haben.

Überlege die Sätze:

Ein Außenwinkel ist immer größer als ein nicht anliegender Innenwinkel.

Ein Dreieck kann nur einen rechten oder nur einen stumpfen Winkel haben.

Kennt man zwei Winkel eines Dreiecks, so kann der dritte berechnet werden. Die beiden spitzen Winkel eines rechtwinkligen Dreiecks sind Komplementwinkel.

e) Gleichschenkliges Dreieck. Spiegelung (Achsensymmetrie).
Die Linie g in der Abb. 11 steht senkrecht zur Strecke AB und geht durch deren Mittelpunkt M. Der beliebige Punkt C auf g ist mit A und B verbunden. Die Dreiecke AMC und BMC sind genau gleich groß. Denkt man sich nämlich das Papier längs g gefaltet und umgelegt, so kommt das Dreieck offenbar genau auf das andere zu liegen. Demnach ist $AC = BC$ und $\alpha = \beta$. Das Dreieck ABC hat somit zwei gleiche Seiten und zwei gleiche Winkel. Es wird ein gleichschenkliges Dreieck genannt. AB heißt Grundlinie, die gleichen Seiten heißen Schenkel. Die Abbildung lehrt uns folgendes:

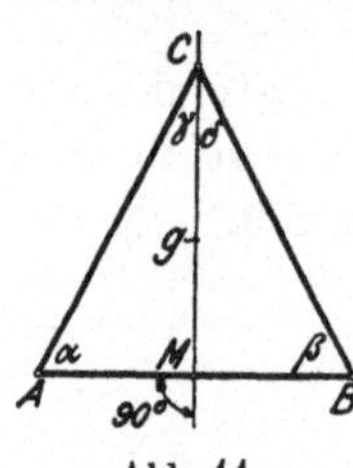

Abb. 11.

Die Winkel an der Grundlinie eines gleichschenkligen Dreiecks sind gleich, oder: Gleichen Seiten eines Dreiecks liegen gleiche Winkel gegenüber. Die Verbindungslinie der Spitze (C) mit dem Mittelpunkt (M) der Grundlinie steht senkrecht auf dieser und halbiert den Winkel an der Spitze ($\gamma = \delta$). Wenn ein Dreieck zwei gleiche Winkel hat, so hat es auch zwei gleiche Seiten.

Man überlege die Sätze: Ein Dreieck mit gleichen Winkeln hat auch gleiche Seiten (gleichseitiges Dreieck). Sind alle Seiten voneinander verschieden, so sind auch die Winkel ungleich (ungleichseitiges Dreieck).

Von dem Punkte B in Abb. 11 sagt man auch, er sei das Spiegelbild des Punktes A in bezug auf die Gerade (Achse) g. A und B liegen symmetrisch, genauer orthogonal (d. h. rechtwinklig) symmetrisch zur Symmetrieachse g.

In Abb. 12 sind zwei symmetrische Dreiecke ABD und $A'B'D'$ gezeichnet. Die Verbindungsstrecken AA', BB', DD' zweier symmetrischer Punkte stehen senkrecht zur Symmetrieachse g und werden durch sie halbiert. Symmetrische Linien treffen sich, wenn sie genügend verlängert werden, in einem Punkte der Symmetrieachse. So AB und $A'B'$ in C; AD und $A'D'$ in E. Symmetrische Figuren können immer durch Umklappung um die Symmetrieachse zur Deckung gebracht werden.

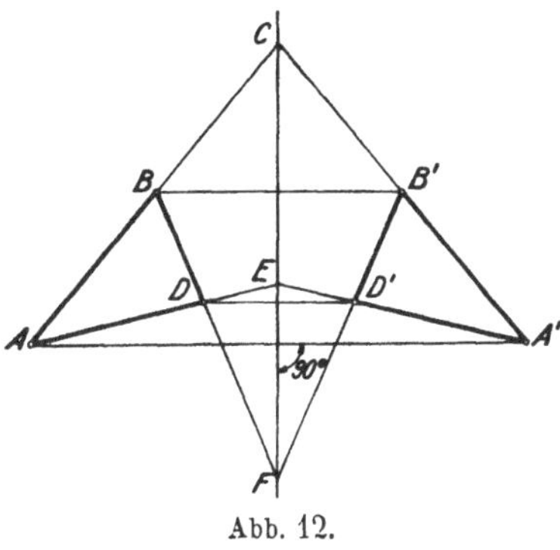

Abb. 12.

f) Weitere Beziehungen zwischen Seiten und Winkeln eines Dreiecks.

1. In jedem Dreieck ist die Summe zweier Seiten größer als die dritte Seite.

2. Die Differenz zweier Seiten ist kleiner als die dritte Seite; denn sind a, b und c die Seiten des Dreiecks und ist etwa $a \geqq b \geqq c$ ($\geqq$ heißt: größer oder gleich), dann ist nach (1) $a < b + c$, somit $a - b < c$ und $a - c < b$. Ferner ist $b < a + c$, also $b - c < a$.

3. Der größeren Seite eines Dreiecks liegt immer der größere Winkel gegenüber und umgekehrt. In dem Dreieck der Abb. 13 sei AC größer als AB; wir wollen zeigen, daß β größer als γ ist. Wir machen $AD = AB$; dann ist $\triangle ABD$ gleichschenklig und die Winkel x an BD sind gleich. Nun ist

$\beta > x$ (links), da x ein Teil von β ist,

$x > \gamma$ (rechts), da x als Außenwinkel des Dreiecks BDC größer als γ ist.

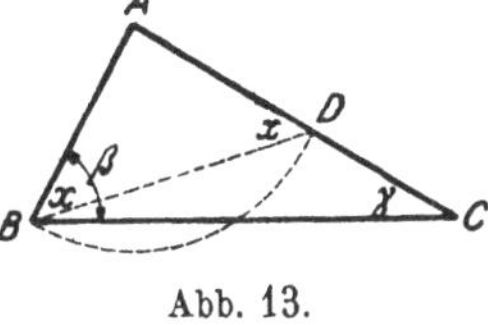

Abb. 13.

Es ist also $\beta > x > \gamma$, also sicher $\beta > \gamma$, was wir beweisen wollten.

Die Seite, die dem rechten Winkel eines rechtwinkligen Dreiecks gegenüber liegt, heißt Hypotenuse, die beiden anderen nennt man Katheten. Warum ist die Hypotenuse die längste Seite des Dreiecks?

g) Winkelsumme eines Vielecks. Jede Strecke, die zwei nicht aufeinander folgende Ecken eines Vielecks verbindet, heißt eine

Diagonale. Es ist immer möglich, ein Vieleck durch passende
Diagonalen so in einzelne Dreiecke zu zerlegen, daß sich die Dreiecke nicht überdecken. So läßt sich (Abb. 14)

$$\begin{aligned}
&\text{ein 4-Eck in} && 2 && \text{Dreiecke zerlegen,}\\
&\;\;\text{„ } 5\text{- „ „} && 3 && \text{„ ,}\\
&\;\;\text{„ } 6\text{- „ „} && 4 && \text{„ , allgemein,}\\
&\;\;\text{„ } n\text{- „ „} && n-2 && \text{„ .}
\end{aligned}$$

Die Winkelsumme in jedem Dreieck beträgt 180°; daher ist
die Summe der Winkel in einem Viereck $2 \cdot 180°$ oder 360°,
in einem Fünfeck $3 \cdot 180°$ oder 540°. Allgemein: In jedem n-Eck
beträgt die Winkelsumme $(n-2) \cdot 180°$.

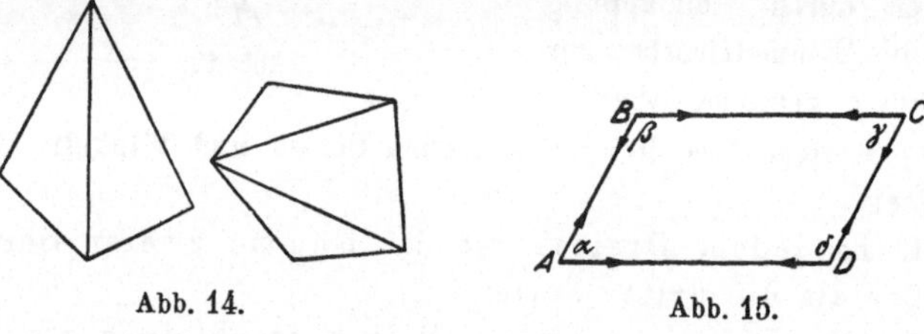

Abb. 14.   Abb. 15.

Ein Viereck, dessen Gegenseiten parallel sind, heißt ein
Parallelogramm (Abb. 15). Die Gegenwinkel α und γ, sowie β und δ sind gleich; warum? — Ist daher ein Winkel des
Parallelogramms ein rechter, so ist es jeder. Ein Parallelogramm
mit nur rechten Winkeln heißt ein Rechteck. Wenn wir in der
Folge kurz von einem Parallelogramm sprechen, so soll darunter
kein Parallelogramm besonderer Art, etwa
mit gleichen Winkeln oder gleichen Seiten,
verstanden werden.

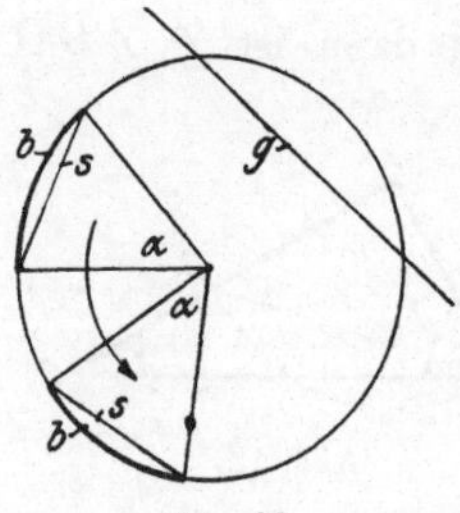

Abb. 16.

h) Peripherie- und Zentriwinkel. Die
Linie s in Abb. 16 heißt Sehne; g heißt
Sekante des Kreises. Jeder Winkel, dessen
Scheitel im Mittelpunkt des Kreises liegt,
heißt Zentri- oder Mittelpunktswinkel
(α). s ist die zum Winkel α gehörige
Sehne, b ist der zugehörige Bogen. Zu
gleichen Sehnen eines Kreises gehören gleiche Bogen und gleiche
Zentriwinkel. Liegt der Scheitel eines Winkels auf der Kreislinie, der Peripherie, und sind seine Schenkel Sekanten, so heißt
er Peripheriewinkel oder Umfangswinkel, z. B. der Winkel

$ACB = \beta$ in den Abb. 17 und 19. Die Winkel α und β in diesen Abbildungen stehen über dem gleichen Bogen. Über Peripherie- und Zentriwinkel gilt der wichtige Satz:

Jeder Peripheriewinkel ist die Hälfte des Zentriwinkels, der mit ihm über dem gleichen Bogen steht.

Beweis. Wir unterscheiden drei Fälle, die in den Abb. 17, 18 und 19 vorliegen.

1. Fall (Abb. 17). Ein Schenkel (BC) des Peripheriewinkels β geht durch das Zentrum. $\triangle AMC$ ist gleichschenklig! Die Winkel

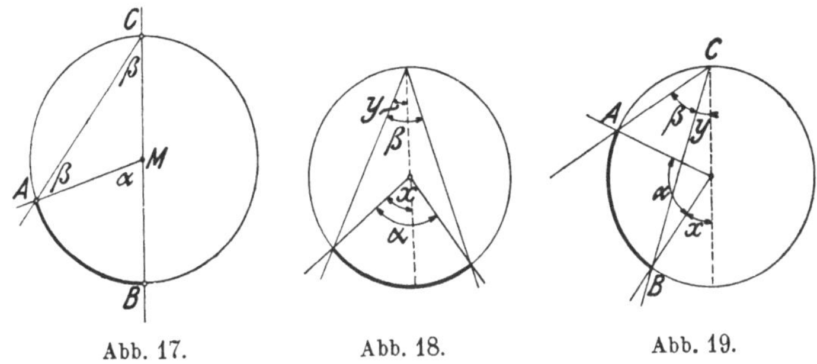

Abb. 17.   Abb. 18.   Abb. 19.

an der Grundlinie AC sind gleich. α ist als Außenwinkel des Dreiecks AMC gleich $\beta + \beta$; es ist also $\alpha = 2\beta$ oder $\beta = \dfrac{\alpha}{2}$, was zu beweisen war.

2. Fall (Abb. 18). Die gestrichelte Hilfslinie führt diesen Fall auf den ersten zurück. Nach Fall 1 ist:

$$x = 2y$$

und
$$\alpha - x = 2(\beta - y) = 2\beta - 2y.$$

Die Addition der Gleichungen liefert:

$$\alpha = 2\beta \quad \text{oder} \quad \beta = \frac{\alpha}{2}.$$

3. Fall (Abb. 19). Wieder nach dem 1. Fall ist:

$$\alpha + x = 2(\beta + y) = 2\beta + 2y$$

und
$$x = 2y.$$

Durch Subtraktion der Gleichungen erhält man:

$$\alpha = 2\beta \quad \text{oder} \quad \beta = \frac{\alpha}{2}.$$

Hieraus folgt (Abb. 20): Alle Peripheriewinkel, die auf dem gleichen Bogen stehen, sind gleich groß; denn jeder ist die Hälfte des gleichen Zentriwinkels α.

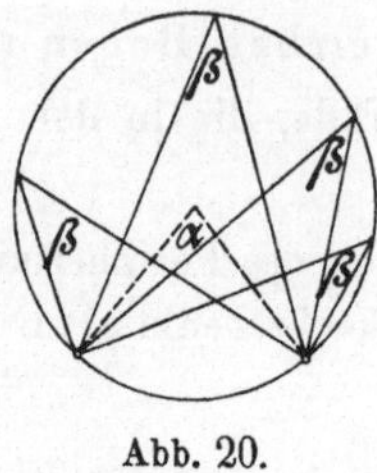

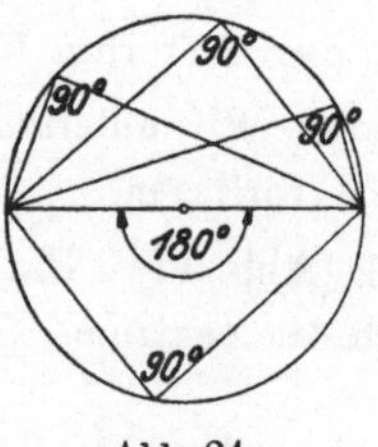

Abb. 20.   Abb. 21.

Ein bemerkenswerter Fall liegt in Abb. 21 vor. Der Zentriwinkel ist dort 180°, somit jeder Peripheriewinkel 90°. Verbindet man also irgendeinen Punkt der Kreislinie mit den Endpunkten eines Durchmessers, so entsteht immer ein rechtwinkliges Dreieck mit dem Durchmesser als Hypotenuse. Man drückt dies auch so aus: Jeder Winkel im Halbkreis mißt 90°.

i) Sehnenviereck (Kreisviereck). Jedes Viereck, dessen Ecken auf einem Kreise liegen, dessen Seiten also Sehnen sind, heißt ein Sehnen- oder Kreisviereck. Der Kreis ist dem Viereck umbeschrieben. Die Vierecke, denen man einen Kreis umbeschreiben kann, haben eine Eigenschaft, die keinem andern Viereck zukommt. Sind nämlich α und β zwei gegenüberliegende Winkel des Sehnenvierecks (Abb. 22), so sind die zugehörigen Zentriwinkel $2\,\alpha$ und $2\,\beta$ und es ist $2\,\alpha + 2\,\beta = 360°$, also:

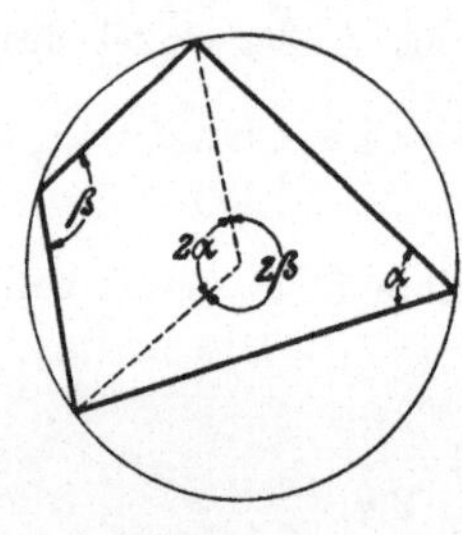

Abb. 22.

$$\alpha + \beta = 180°.$$

In jedem Sehnenviereck beträgt die Summe zweier Gegenwinkel 180°.

k) Tangente. Tangentensehnenwinkel. Für den Kreis ist jeder Durchmesser eine Symmetrieachse; denn durch Umklappen um irgendeinen Durchmesser kann der eine Halbkreis mit dem andern zur Deckung gebracht werden. In Abb. 23 verbindet die Gerade g die beiden Punkte A und B, die in bezug auf den Durchmesser PQ symmetrisch liegen. g steht also senkrecht zu PQ. Verschiebt man g parallel zu sich selbst nach oben (oder unten), so rücken die Punkte A und B einander entgegen, bis sie sich schließlich in P (oder Q) begegnen. Die Sekante g ist zur Tangente (t oder t') geworden. MP heißt der Berührungsradius. Da t zu g parallel ist, steht t senkrecht zu MP. In jedem Punkte P eines Kreises gibt es nur eine Tangente; sie steht senkrecht auf dem Berührungsradius. Die Tangenten in den Endpunkten eines Durchmessers sind parallel.

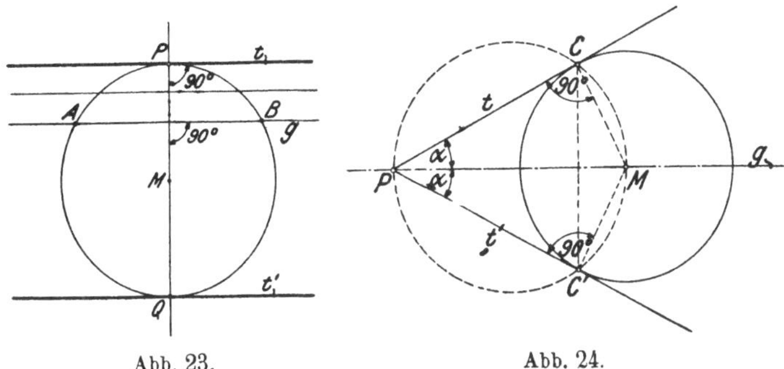

Abb. 23.   Abb. 24.

In Abb. 24 ist von einem Punkt P außerhalb des Kreises eine Tangente t an den Kreis gezogen. Die durch P und M gehende Sekante g ist eine Symmetrieachse des Kreises. Die zu t symmetrische Linie t' ist auch eine Tangente an den Kreis und im besonderen ist $PC = PC'$. (Warum ist das Viereck $PCMC'$ ein Kreisviereck?)

Von einem außerhalb eines Kreises liegenden Punkte (P) gibt es zwei Tangenten an den Kreis. Die Tangentenabschnitte (vom Punkte P bis zu den Berührungspunkten) sind gleich lang.

Die Sekante (g) vom Punkte (P) durch den Mittelpunkt (M) des Kreises halbiert den Winkel zwischen den Tangenten.

Der Kreis mit dem Durchmesser PM geht durch die Berührungspunkte C und C'.

Mit Hilfe dieses Kreises durch P und M können die Berührungspunkte C und C' ermittelt werden, bevor die Tangenten gezeichnet sind.

Ein Winkel, der von einer Tangente und einer durch den Berührungspunkt gehenden Sehne gebildet wird, heißt ein Tangenten-

sehnenwinkel, z. B. α in Abb. 25. Der Bogen AB des Kreises
liegt zwischen den Schenkeln des Winkels α und denen des Peripheriewinkels β. BC ist ein Durchmesser
des Kreises und steht daher senkrecht zu t.
Das Dreieck ABC ist nach Abschnitt h
rechtwinklig. Es ist also

$$\alpha + x = 90^\circ \quad \text{oder} \quad \alpha = 90^\circ - x$$

und

$$\beta + x = 90^\circ \quad \text{„} \quad \beta = 90^\circ - x,$$

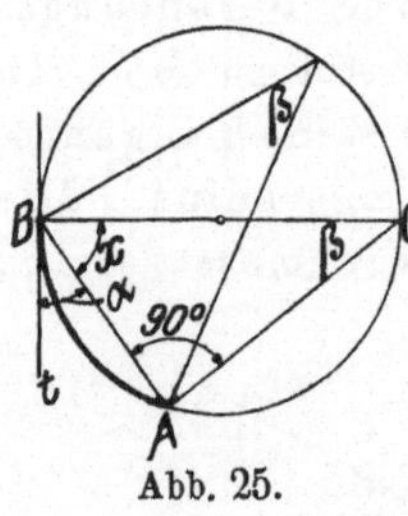

Abb. 25.

somit ist $\qquad \alpha = \beta,$

d. h.: Ein Tangentensehnenwinkel ist gleich dem Peripheriewinkel über dem eingeschlossenen Bogen oder gleich
der Hälfte des zugehörigen Zentriwinkels.

§ 2. Übungen und Beispiele.

1. Prüfe: $\alpha)$ $18^\circ 26' = 1106' = 66360''$, $\beta)$ $36^\circ 59' = 2219' = 133140''$,
$\gamma)$ $119^\circ 24' = 7164' = 429840''$.

2. Ebenso: $\alpha)$ $4236'' = 1^\circ 10' 36''$. $\qquad \beta)$ $521623'' = 144^\circ 53' 43''$.
$\gamma)$ $10846'' = 3^\circ 0' 46''$.

3. Prüfe: $\alpha)$ $24^\circ 19' 32'' = 24,3256^\circ$, $\quad 0,7384^\circ = 44' 18''$,
$\beta)$ $110^\circ 35' 44'' = 110,5956^\circ$, $\quad 57,2958^\circ = 57^\circ 17' 45''$,
$\gamma)$ $\quad 7' 48'' = \quad 0,13^\circ$, $\quad 0,77^\circ \quad = 46' 12''$,
$\delta)$ $\quad 53' 24'' = \quad 0,89^\circ$, $\quad 0,004^\circ = 14,4''$.

4. Ist $\alpha = 18^\circ 15' 26''$ und $\beta = 11^\circ 41' 12''$, so ist $\alpha + \beta = 29^\circ 56' 38''$,
$\alpha - \beta = 6^\circ 34' 14''$.

5. Aus $x + y = 32^\circ 14'$ und $x - y = 18^\circ 56'$ folgt $x = 25^\circ 35'$ und
$y = 6^\circ 39'$.

6. Aus $\alpha = 15^\circ 18'$ folgt $6\alpha = 91^\circ 48'$ und $\alpha : 4 = 3^\circ 49' 30''$.

7. Berechne den Nebenwinkel von a) 32°, b) $115^\circ 12'$; c) $38^\circ 52' 44''$.
Resultate: 148°; $64^\circ 48'$; $141^\circ 7' 16''$.

8. Ein spitzer Winkel eines rechtwinkligen Dreiecks mißt $38^\circ 15'$;
wie groß ist der andere? ($51^\circ 45'$.)

9. β sei ein Winkel an der Grundlinie, α der Winkel an der Spitze
eines gleichschenkligen Dreiecks.
Ist $\beta = 63^\circ 15'$ $\quad \beta = \quad 7^\circ 28' 24''$ $\quad \alpha = 22^\circ$ $\quad \alpha = 70^\circ 50'$, dann ist
$\alpha = 53^\circ 30'$ $\quad \alpha = 165^\circ 3' 12''$ $\quad \beta = 79^\circ$ $\quad \beta = 54^\circ 35'$.

10. α, β, γ seien die drei Winkel eines Dreiecks.
Zu $\alpha = 30^\circ$; $\beta = 70^\circ$ gehört $\gamma = 80^\circ$.
„ $\alpha = 62^\circ 10'$; $\beta = 110^\circ 58'$ gehört $\gamma = 6^\circ 52'$.
„ $\alpha = 48^\circ 12' 36''$; $\beta = 81^\circ 48' 12''$ gehört $\gamma = 49^\circ 59' 12''$.

11. Ein Außenwinkel eines Dreiecks mißt 70°12′, ein nicht anliegender Innenwinkel 40°50′. Wie groß sind die beiden anderen Winkel des Dreiecks? (109°48′; 29°22′.)

12. Beweise: Die Halbierungslinien a) zweier Nebenwinkel, b) zweier Winkel an einer Seite eines Parallelogramms stehen aufeinander senkrecht.

13. Beweise: Der stumpfe Winkel zwischen den Halbierungslinien der Winkel β und γ eines Dreiecks ist $90° + \dfrac{\alpha}{2}$.

14. A, B, C sind die Ecken eines spitzwinkligen Dreiecks. Bestimme auf AB einen Punkt D und auf AC einen Punkt E, so daß $AE = ED = DB$ ist.

15. In jedem regelmäßigen n-Eck sind alle Winkel und alle Seiten gleich. Beweise: Der Winkel zwischen zwei aufeinander folgenden Seiten ist

$$\alpha = 180° - \frac{360}{n}.$$

Man erhält für ein

3-Eck: $\alpha = 60°$,	6-Eck: $\alpha = 120°$,	9-Eck: $\alpha = 140°$,
4-Eck: $\alpha = 90°$,	7-Eck: $\alpha = 128°34′17″$,	10-Eck: $\alpha = 144°$,
5-Eck: $\alpha = 108°$,	8-Eck: $\alpha = 135°$,	usw.

16. Beim Zeichnen auf dem Zeichenbrett (Reißbrett) benutzt man außer der Zeichenschiene (Reißschiene) ein Dreieck mit den Winkeln 90°, 45°, 45° und ein anderes mit den Winkeln 90°, 60°, 30°. Solche Dreiecke können verwendet werden, weil sich ein Winkel weder beim Parallelverschieben noch beim Drehen ändert. In den Abb. 26 und 27 ist die erste Lage des Dreiecks gestrichelt, die zweite ausgezogen. Abb. 26 zeigt, wie man:

a) in einem beliebigen Punkte A einer Geraden g ein Lot (eine Normale) l errichtet,

b) von einem Punkte B ein Lot l auf g fällt.

c) in einem Punkte A eines Kreises eine Tangente zieht.

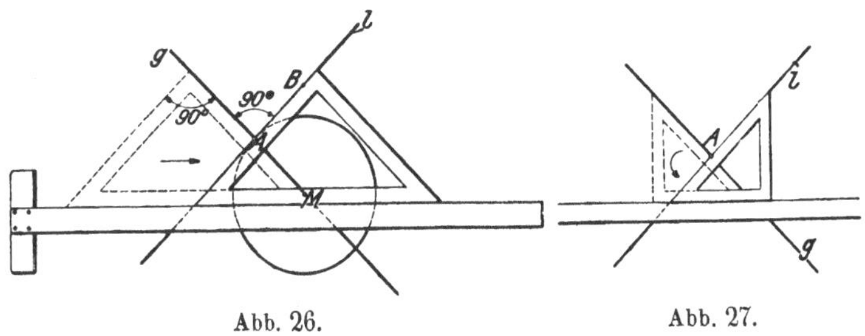

Abb. 26.   Abb. 27.

Dabei ist die Hypotenuse an die Reißschiene gelegt und das Dreieck parallel verschoben worden. In Abb. 27 hat man zuerst eine Kathete an die Reißschiene gelegt und nachher das Dreieck um 90° gedreht ($g \perp l$).

17. Abb. 28 zeigt, wie man einen **Winkel halbiert**. Mache $AB = AC$ und $BP = CP$. Die Kreisbogen sollen sich in P möglichst rechtwinklig schneiden. PA ist die Winkelhalbierende. P und A sollen möglichst weit auseinander liegen! Begründe die Konstruktion (§ 1, Abschnitt e).

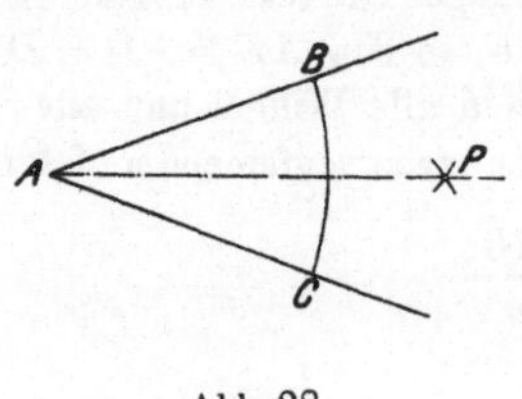

Abb. 29.

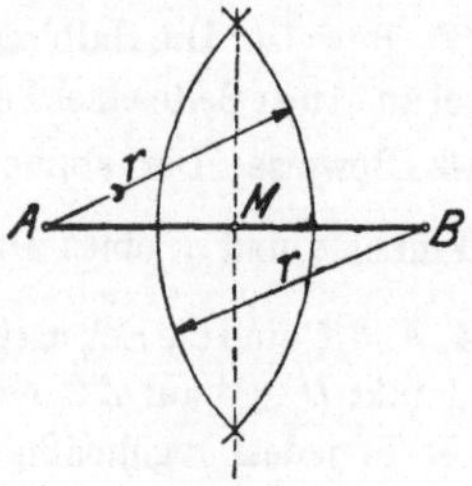

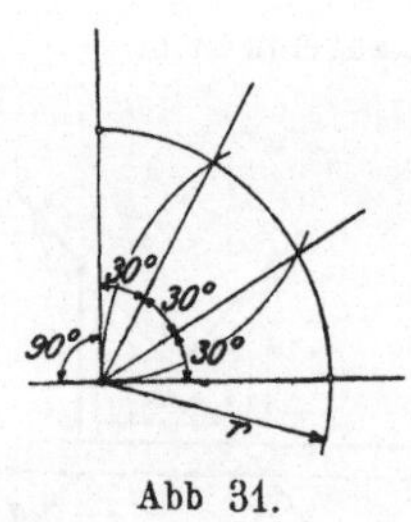

Abb. 28.

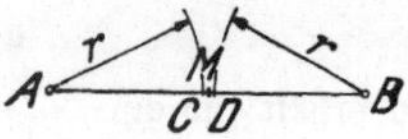

Abb. 30.

18. Abb. 29 zeigt, wie man den **Mittelpunkt einer Strecke** AB finden kann. In Abb. 30 ist r als die Hälfte von AB geschätzt worden. Man kann leicht die Reststrecke CD in M halbieren. M ist auch der Mittelpunkt von AB.

19. Beweise: Der Radius eines Kreises läßt sich genau sechsmal als Sehne auf dem Umfange abtragen (**regelmäßiges Sechseck**).

20. Begründe die in Abb. 31 gezeichnete Konstruktion für die **Dreiteilung eines rechten Winkels**. Einfacher gestaltet sich die Dreiteilung mit Hilfe des Dreiecks von 30° und 60°. — Eine ähnliche genaue Konstruktion für die Dreiteilung eines **beliebigen** Winkels gibt es nicht und kann es nicht geben.

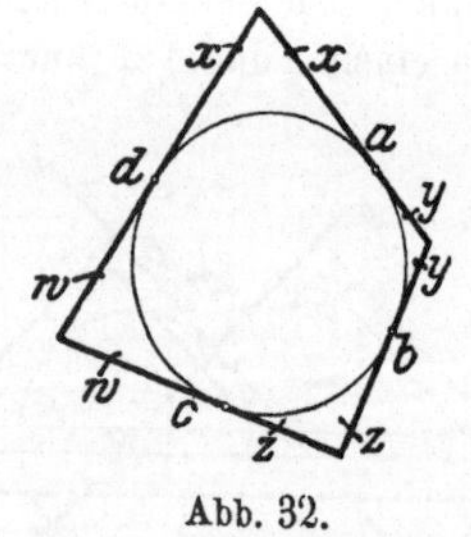

Abb 31.

Abb. 32.

21. Jedes Viereck, dessen Seiten Tangenten an einen Kreis sind, heißt ein **Tangentenviereck** (Abb. 32). Jede der vier Seiten wird durch die Berührungspunkte in zwei Abschnitte zerlegt. Die an einer Ecke liegenden Abschnitte sind gleich! Es ist nun:

$$a = x + y \quad \text{und} \quad b = y + z$$
$$c = w + z \qquad\qquad d = w + x,$$

demnach ist $\qquad a + c = x + y + w + z = b + d;$

also $\qquad\qquad a + c = b + d,$

d. h. in jedem Tangentenviereck sind die Summen der Gegenseiten einander gleich.

22. In Abb. 33 ist einem Dreieck ein Kreis einbeschrieben. Es sollen die Seitenabschnitte x, y, z, zwischen den Ecken und den Berührungspunkten, aus den Seiten a, b, c des Dreiecks berechnet werden.

Setzt man

$$x + y + z = \frac{a + b + c}{2} = s$$

gleich dem halben Umfang des Dreiecks, dann findet man für x, y, z die Werte:

$$x = s - a,$$
$$y = s - b,$$
$$z = s - c,$$

d. h. ein Abschnitt an einer Ecke ist gleich dem halben

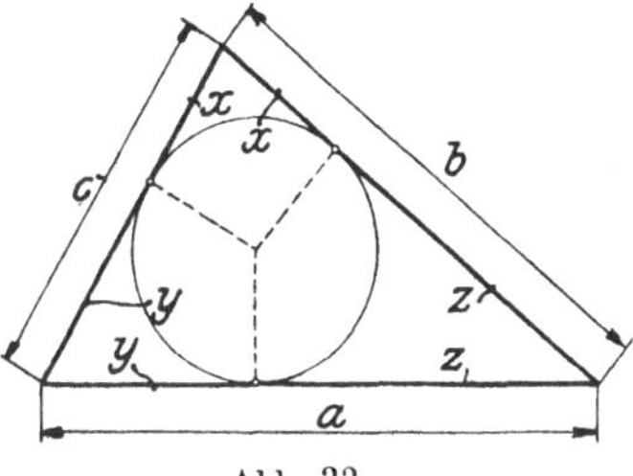
Abb. 33.

Umfang des Dreiecks, vermindert um die dieser Ecke gegenüberliegende Seite.

23. Korbbogen. Das Viereck $HBJF$ in Abb. 34 ist ein Rechteck. $HB = a$; $HF = b$. BC und FC halbieren die Winkel α und β $CA \perp BF$. Zeige, daß $\sphericalangle ABC = \sphericalangle ACB$ und $\sphericalangle EFC = \sphericalangle ECF$ ist. Die Dreiecke ABC und ECF sind demnach gleichschenklig. Ein Kreis um A durch B geht daher auch durch C, und ein Kreis um E durch C geht durch F. Die Kreisbogen haben in C eine gemeinsame Tangente, die zu BF parallel ist.

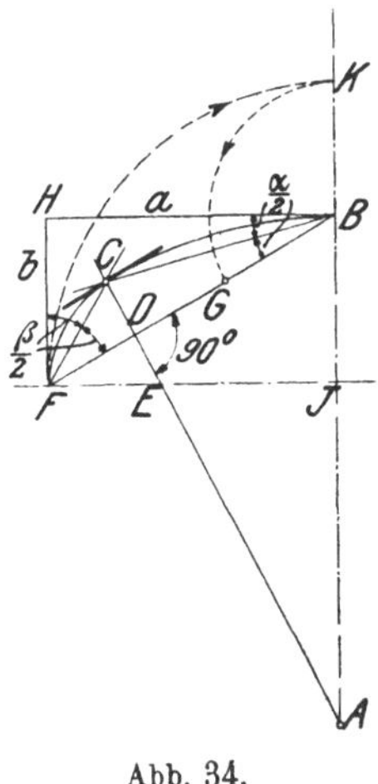
Abb. 34.

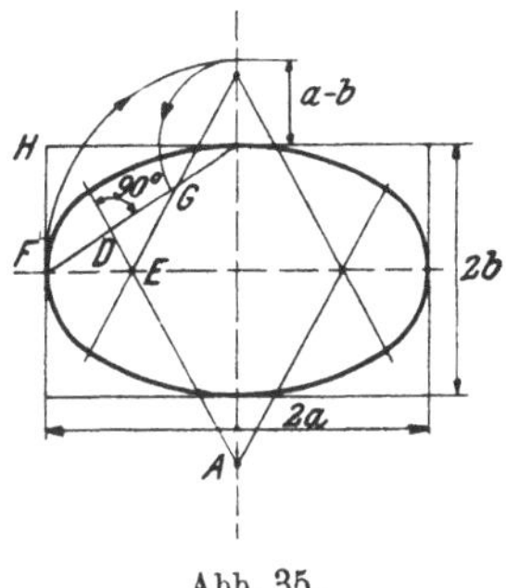
Abb. 35.

Man kann die Mittelpunkte E und A der Kreisbogen auch auf eine andere Weise bestimmen. Wir werden später sehen, daß C der Mittelpunkt des Kreises ist, der dem Dreieck HBF einbeschrieben werden könnte. Der Kreis würde BF in D berühren.

Nach Aufgabe 22 ist nun

$$FD = s - a \text{ und } BD = s - b.$$

Wir machen $GD = FD = s - a$; dann ist

$$\boldsymbol{BG = BD - GD = (s - b) - (s - a) = a - b}.$$

Hierauf gründet sich die zweite Konstruktion der Mittelpunkte E und A. Wir machen $JK = JF = a$; dann ist $BK = a - b$. Wir machen $BG = BK$, halbieren FG in D und ziehen DA senkrecht zu BF. (Abb. 34 und 35.) Wie man diese Eigentümlichkeiten verwerten kann, zeigt Abb. 35. Sie setzt sich aus 4 Kreisbogen zusammen und führt den Namen „Korbbogen".

24. Die Endpunkte A und B eines Kreisbogens werden mit dem Mittelpunkt M des Kreises verbunden. Der Winkel AMB sei kleiner als 180°. Ziehe in A und B die Tangenten; sie schneiden sich in C. Die Gerade CM schneidet den Kreisbogen in D. Ziehe noch AD, BD und AB. Es sei $\sphericalangle AMB = x$; $\sphericalangle BAD = \alpha$; $\sphericalangle BAM = \gamma$; $\sphericalangle ABC = \beta$; $\sphericalangle ACB = \delta$; $\sphericalangle ADB = y$. Berechne aus irgendeinem dieser sechs Winkel die fünf andern. Ist z. B. $x = 121° 40'$, dann ist $\alpha = 30° 25'$; $\gamma = 29° 10'$; $\beta = 60° 50'$; $\delta = 58° 20'$; $y = 119° 10'$.

25. Jedem regelmäßigen n-Eck läßt sich ein Kreis umbeschreiben. Man beweise: Zieht man in einem regelmäßigen n-Eck alle von einer Ecke ausgehenden Diagonalen, so wird der an dieser Ecke liegende Winkel des n-Ecks in gleiche Teilwinkel zerlegt. Ein Teilwinkel mißt $180° : n$.

26. Konstruktion eines Kreisbogens aus der Sehne und der Pfeilhöhe ohne Benutzung des Mittelpunktes.

In Abb. 36 sei $AD = DB$. Die Sehne AB und die Bogenhöhe (Pfeilhöhe) CD seien gegeben. Man begründe die Richtigkeit der folgenden

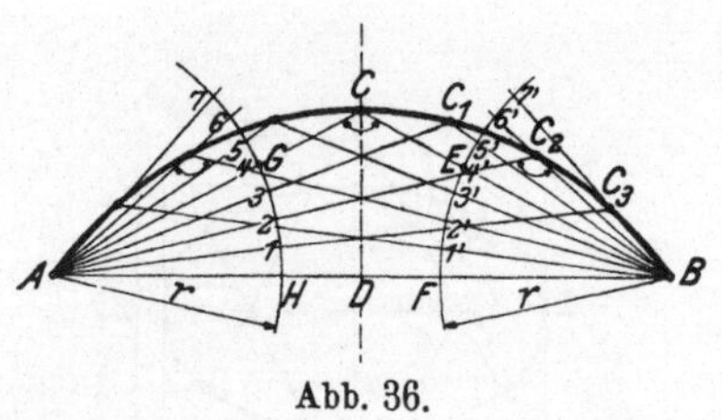

Abb. 36.

Konstruktion: Ziehe AC und BC. Schlage um A und B zwei Kreisbogen mit dem beliebigen Radius r. Teile die Bogenstücke GH und EF in beliebig viele (in der Abbildung je in vier) gleiche Teile und führe die Teilung auf den über G und E hinaus verlängerten Bogen weiter. Bringe $A3$ mit $B5'$ in C_1 zum Schnitt; ebenso $A2$ mit $B6'$ in C_2 usw. Die Punkte C_1, C_2, $C_3 \ldots$ sind Punkte des verlangten Kreisbogens.

Anleitung: Gleichheit der Peripheriewinkel. (Siehe § 14, Aufgabe 27.)

27. Zeichne in einen Kreis von 4 cm Radius ein Dreieck mit den Winkeln 30°, 45°, 105°. (Anleitung: Tangentensehnenwinkel.)

28. In einem Kreis wird eine beliebige Sehne AB um den Radius r über B hinaus bis C verlängert. $(BC = \cdot r)$. Verbinde C mit dem Mittelpunkt M und verlängere diese Gerade bis zum Schnittpunkt D mit dem Kreis. Ziehe AM und beweise: $\angle AMD = 3 \cdot \angle ACM$.

29. Zieht man durch einen Punkt P außerhalb eines Kreises zwei Sekanten, so ist der Winkel zwischen den Sekanten gleich der halben Differenz jener Zentriwinkel, die zu den zwischen den Sekanten liegenden Kreisbogen gehören.

30. Zwei Kreise, die sich ausschließen, haben 4 gemeinsame Tangenten. Bei einer äußern Tangente liegen die Kreise auf der gleichen, bei einer innern auf verschiedenen Seiten der Tangente. Beweise: der zwischen den äußern Tangenten liegende Abschnitt einer innern Tangente ist gleich dem Abschnitt auf einer äußern Tangente (von Berührungspunkt zu Berührungspunkt gemessen).

§ 3. Kongruenz der Figuren. Zentrische Symmetrie. Parallelogramm und Trapez.

Zwei Figuren heißen kongruent, wenn sie so aufeinander gelegt werden können, daß sie sich decken. Statt kongruent sagt man auch „deckungsgleich“. Das Zeichen für kongruent ist $\cong$.

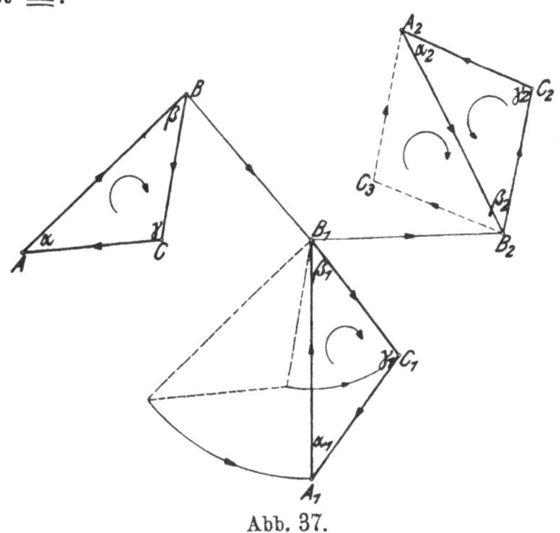

Abb. 37.

In Abb. 37 sind drei kongruente Dreiecke gezeichnet. Die gleichen Linien und Winkel der Figuren sollen entsprechende oder zugeordnete Stücke genannt werden. So sind AB, A_1B_1, A_2B_2 entsprechende Seiten, α, α_1, α_2 entsprechende Winkel.

Zwischen den drei kongruenten Dreiecken der Abb. 37 besteht ein gewisser Unterschied. Wenn wir uns vorstellen, wir schreiten bei jedem Dreieck auf dem Umfang von A über B und C nach A zurück, so haben wir uns bei den Dreiecken ABC und $A_1 B_1 C_1$ im Sinne des Uhrzeigers, bei dem Dreieck $A_2 B_2 C_2$ im entgegengesetzten Sinne um 360° gedreht. Der „Umlaufungssinn" der beiden ersten Dreiecke ist dem des dritten entgegengesetzt. Figuren mit gleichem Umlaufungssinn können immer durch Parallelverschieben und Drehen in der Papierebene zur Deckung gebracht werden. Man denke sich etwa ABC in der Richtung BB_1 verschoben und nachher um B_1 gedreht. Ist der Umlaufungssinn der kongruenten Dreiecke entgegengesetzt, so ist außer der Parallelverschiebung und Drehung noch eine Umklappung, ein Drehen der Figur aus der Papierebene heraus, erforderlich. $A_1 B_1 C_1$ kann durch Parallelverschieben und Drehen in die Lage $A_2 B_2 C_3$ und aus dieser durch Umklappen um $A_2 B_2$ in die Lage $A_2 B_2 C_2$ gebracht werden.

Kongruenzsätze für Dreiecke.

Um die Kongruenz zweier Dreiecke nachzuweisen, genügt es, festzustellen, daß die Dreiecke in drei voneinander unabhängigen Stücken übereinstimmen.

Zunächst ist ohne weiteres klar, daß zwei Dreiecke deckungsgleich sind, wenn sie in allen entsprechenden Seiten übereinstimmen. Aus der Gleichheit der Seiten folgt dann auch die Gleichheit der entsprechenden Winkel.

Dreiecke sind auch deckungsgleich, wenn sie in zwei entsprechenden Seiten und dem von diesen eingeschlossenen Winkel übereinstimmen. Denn ist z. B. in Abb. 37 $AB = A_1 B_1$ und $BC = B_1 C_1$ und $\beta = \beta_1$, so kann man AB mit $A_1 B_1$ decken. Da $\beta = \beta_1$ ist, kommt BC in die Richtung von $B_1 C_1$, und da $BC = B_1 C_1$ ist, kommt auch C auf C_1.

Ebenso leicht ist die Deckungsgleichheit zweier Dreiecke einzusehen, wenn die Dreiecke in einer Seite und zwei entsprechenden Winkeln übereinstimmen. Es sei z. B. $AB = A_1 B_1$, $\alpha = \alpha_1$; $(\beta = \beta_1.)$

Andere Fälle, in denen Deckungsgleichheit vorhanden ist, lassen wir, als für uns bedeutungslos, außer Betracht. Wir haben also die folgenden Kongruenzsätze für Dreiecke:

Dreiecke sind kongruent, wenn sie übereinstimmen:

1. in allen drei Seiten (s, s, s),

2. in zwei Seiten und dem von ihnen eingeschlossenen Winkel (s, w, s),

3. in einer Seite und zwei entsprechenden Winkeln (w, s, w).

Die in Klammern beigefügten Buchstaben sollen dazu dienen, uns im folgenden bequem auf einen der drei Fälle berufen zu können.

Die Kongruenzsätze sind ein wichtiges Beweismittel der Geometrie. An und für sich haben sie keinen wertvollen Inhalt; erst in den Folgerungen, Schlüssen, die man aus der Kongruenz zweier Dreiecke ziehen kann, kommt ihre Bedeutung zur Geltung.

Warum kann man aus der Gleichheit der Winkel nicht auf die Kongruenz zweier Dreiecke schließen?

Zentrische Symmetrie.

Dreht man das Dreieck SAB in der Abb. 38 um den Punkt S um $180°$, so kommt es in die Lage SA_1B_1 und es ist $AB\,\|\,A_1B_1$, aber entgegengesetzt gerichtet. SA und SA_1, SB und SB_1 liegen je in einer geraden Linie.

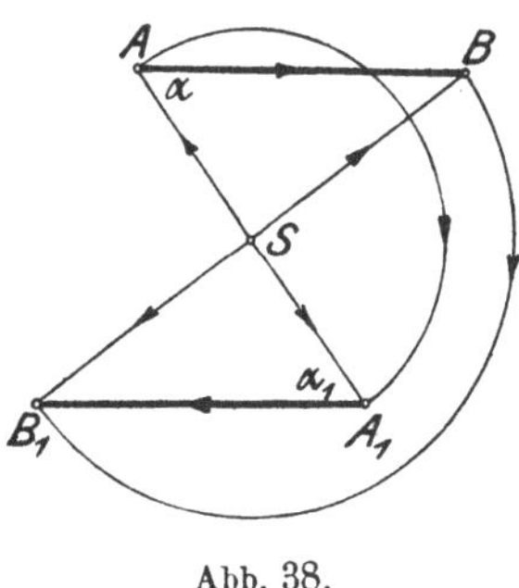

Abb. 38.

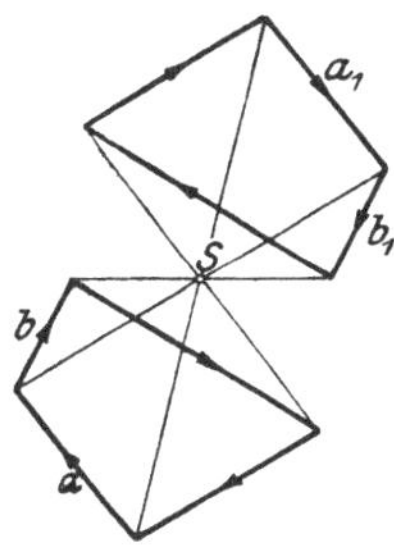

Abb. 39.

In Abb. 39 ist der Punkt S mit den Ecken eines Vierecks verbunden und die ganze Figur um S um $180°$ gedreht worden. $a\,\|\,a_1$, $b\,\|\,b_1$ usw. Die Verbindungslinien entsprechender Punkte gehen durch einen Punkt (S) und werden in ihm halbiert. Kongruente Figuren in dieser besonderen Lage heißen zentrisch symmetrisch. S ist das Symmetriezentrum, der Mittelpunkt der ganzen Figur.

Parallelogramm.

1. Parallelogramm im allgemeinen. Ein Parallelogramm ist ein Viereck mit parallelen Gegenseiten (Abb. 40). Es sei $AS = SC$. Dreht man das Dreieck ADC um $180°$ um S, so kommt

es mit dem Dreieck ABC zur Deckung. AC ist eine Diagonale des Parallelogramms. Eine Diagonale zerlegt das Parallelogramm in zwei kongruente Dreiecke. Die Gegenseiten sind einander gleich $(AD = BC;\ DC = AB)$.

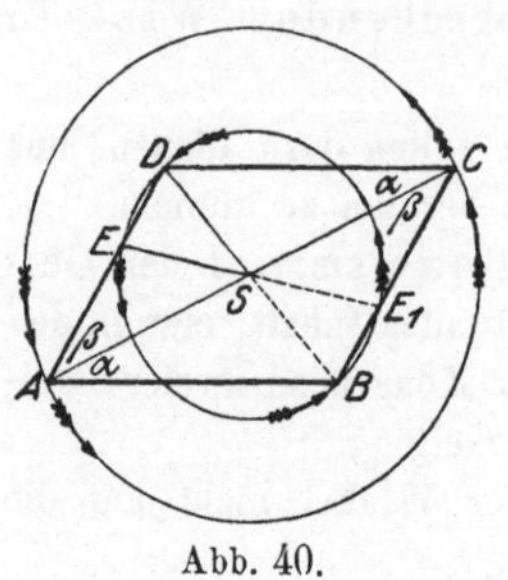
Abb. 40.

Irgendein Punkt auf AD oder DC (beachte E und D) kommt nach der Drehung mit einem Punkte auf BC oder AB zur Deckung $(E_1$ und $B)$ und die Verbindungslinie der entsprechenden Punkte $(EE_1;\ DB)$ wird in S halbiert, d. h. das Parallelogramm ist eine zentrisch symmetrische Figur. Die Diagonalen halbieren sich. S ist der Mittelpunkt der Figur.

2. Parallelogramme besonderer Art. Sie besitzen alle Eigenschaften des allgemeinen Parallelogramms.

a) Das Rechteck (Abb. 41) ist ein Parallelogramm mit rechten Winkeln. Da nach (1) $AD = BC;\ AB = AB;\ \angle DAB = \angle CBA = 90°$ ist, sind die Dreiecke ABD und ABC kongruent (s, w, s); daher ist $AC = BD$, d. h.: In jedem Rechteck sind die Diagonalen einander gleich. Die Verbindungslinien der Mittelpunkte zweier Gegenseiten sind Symmetrieachsen. Das Rechteck hat zwei Symmetrieachsen.

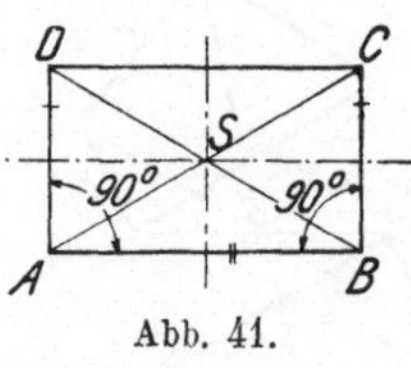
Abb. 41.

b) Der Rhombus (Abb. 42) ist ein Parallelogramm mit gleichen Seiten. Die vier Dreiecke, in die der Rhombus durch die Diagonalen zerlegt wird, sind kongruent (s, s, s). Die Diagonalen sind Symmetrieachsen; sie halbieren die Winkel des Rhombus und stehen aufeinander senkrecht.

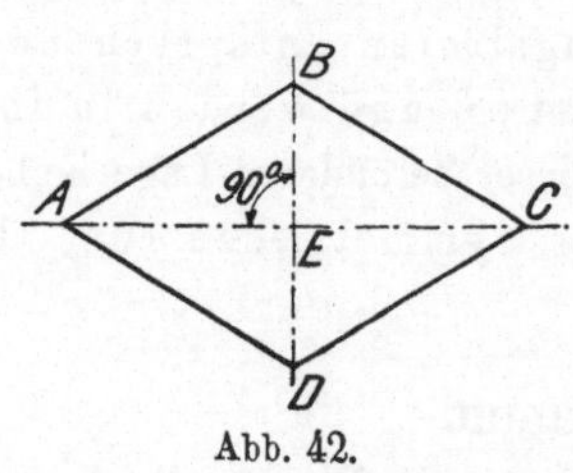
Abb. 42.

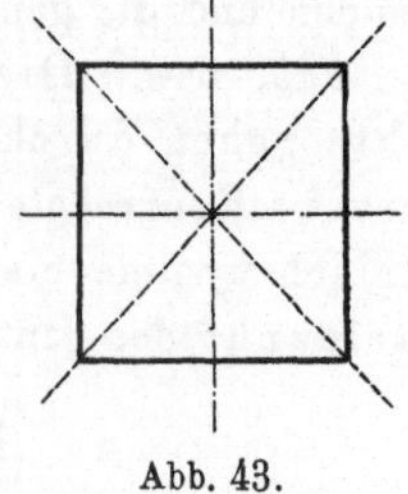
Abb. 43.

c) Ein Rechteck mit gleichen Seiten wird Quadrat genannt (Abb. 43). Das Quadrat ist auch ein Rhombus; es besitzt demnach alle die genannten Eigenschaften von Rechteck und Rhombus. Ein Quadrat hat vier Symmetrieachsen.

Trapez.

Ein Viereck mit nur einem Paar paralleler Gegenseiten heißt Trapez (Abb. 44). Die parallelen Seiten werden Grundlinien, die beiden andern Schenkel genannt. Der senkrechte Abstand der beiden Parallelen heißt die Höhe des Trapezes. Sind die Schenkel gleich lang, so heißt das Trapez gleichschenklig.

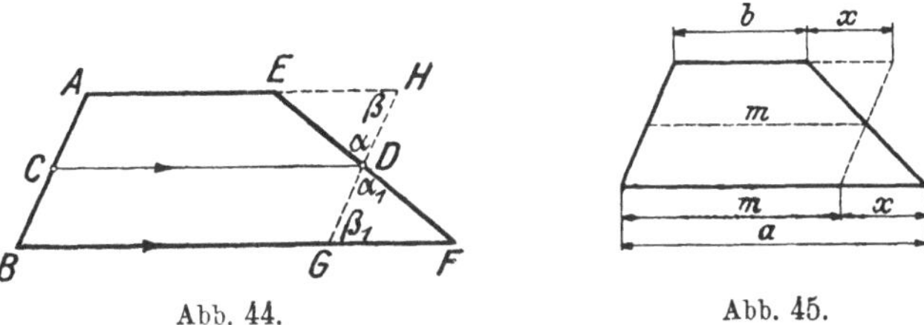

Abb. 44.   Abb. 45.

Es sei in Abb. 44 $AC = BC$; $CD \| BF$; $HG \| AB$; dann sind die Parallelogramme $AHDC$ und $CDGB$ kongruent. Es ist also $DG = DH$. Da außerdem $\alpha = \alpha_1$ und $\beta = \beta_1$ ist, ist $\triangle EHD \cong \triangle DGF$ (w, s, w). Daher ist auch $EH = GF$ und $ED = DF$, d. h.: Die durch den Mittelpunkt (C) des einen Schenkels zu den Grundlinien gezogene Parallele geht auch durch den Mittelpunkt des andern Schenkels. — Da EF nur einen Mittelpunkt (D) hat und durch C nur eine Parallele zu den Grundlinien gezogen werden kann, ist die Verbindungslinie der Mittelpunkte der Schenkel immer parallel zu den Grundlinien. CD heißt die Mittellinie des Trapezes. Ihre Länge kann leicht berechnet werden.

Aus Abb. 45 folgt:

$$m = b + x$$
und
$$m = a - x,$$
somit ist
$$2m = a + b,$$
also
$$m = \frac{a+b}{2} \text{ und } x = \frac{a-b}{2}.$$

Die Mittellinie eines Trapezes ist die halbe Summe der beiden Parallelen, oder anders ausgedrückt: m ist das arithmetische Mittel der beiden Parallelen.

Wird die eine der Parallelen, z. B. $b = 0$, dann wird aus dem Trapez ein Dreieck und die Mittellinie hat die Länge $m = \dfrac{a+0}{2} = \dfrac{a}{2}$, d. h. die Verbindungslinie der Mittelpunkte zweier Seiten eines Dreiecks ist zur dritten Seite parallel und gleich ihrer Hälfte.

In dem Dreieck AJE der Abb. 46 ist $AB = BC = CD = DE$ gemacht; ferner ist $BF\|CG\|DH\|EJ$. Nach dem Vorhergehenden ist nun in dem Dreieck AGC auch $AF = FG$; in dem Trapez $BFHD$ ist $FG = GH$; daher ist $AF = FG = GH$ usw.

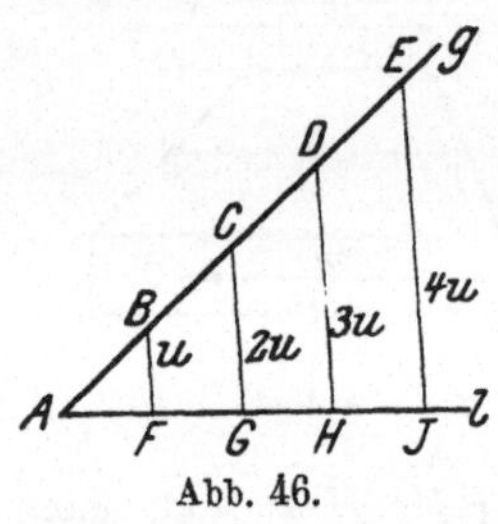

Abb. 46.

Ist demnach eine Dreiecksseite in mehrere gleiche Stücke zerlegt und zieht man durch die Teilpunkte Parallele zu einer zweiten Seite, dann wird auch die dritte Seite in gleiche Stücke zerlegt.

Man kann diese Tatsache dazu benutzen, um eine gegebene Strecke in beliebig viele gleiche Teile zu zerlegen. Soll z. B. AH in drei gleiche Teile zerlegt werden, dann ziehe man g durch A beliebig, mache $AB = BC = CD =$ einer beliebigen Strecke, verbinde D mit H und ziehe durch C und B die Parallelen zu DH.

Überlege: Ist $BF = u$, dann ist $CG = 2u$, $DH = 3u$, $EJ = 4u$. Wie verändern sich die Abschnitte der Parallelen, wenn man l parallel zu sich selbst um eine Strecke c nach unten verschiebt?

Übungen. Zeichne:

1. Zwei gleich große Winkel, deren Schenkel nicht paarweise parallel sind.

2. Zwei kongruente unregelmäßige Vierecke, deren entsprechende Seiten nicht parallel sind. (Benütze die Diagonalen.)

3. Ein Rechteck aus einer Diagonale (9 cm) und einer Seite (4 cm).

4. Ein Quadrat aus einer Diagonale (7·cm).

5. Einen Rhombus α) aus den beiden Diagonalen (8 und 5 cm), β) aus einer Diagonale (7 cm) und dem Winkel (45°) des Rhombus, durch den diese Diagonale geht.

6. Ein Parallelogramm aus den Diagonalen (8 und 5) und einer Seite (3 cm).

7. Zeichne ein Trapez 1. aus den vier Seiten, 2. aus den beiden Parallelen und den beiden Diagonalen.

8. Ein Dreieck aus $a = 8\,\mathrm{cm}$ und $\alpha)\ b = 5\,\mathrm{cm}$, $\alpha = 120°$; $\beta)\ b = 5\,\mathrm{cm}$, $\beta = 30°$ (zwei **Dreiecke**); $\gamma)\ b = 4\,\mathrm{cm}$, $\beta = 30°$; $\delta)\ b = 3\,\mathrm{cm}$, $\beta = 30°$! α liegt der Seite a, β der Seite b gegenüber.

9. A, B, C seien die drei Ecken eines Dreiecks. D ist der Mittelpunkt der Seite BC. Ziehe AD; halbiere AD in E und verlängere BE bis F auf AC. Beweise: $AF = 0{,}5 \cdot FC$ und $EF = 0{,}25 \cdot BF$.

10. Berechne aus den Parallelen a und b eines Trapezes das Stück (x) der Mittellinie, das zwischen den beiden Diagonalen liegt: $x = 0{,}5\,(a - b)$.

11. Verbinde in einem beliebigen Viereck die Mitten je zweier aufeinander folgender Seiten und beweise, daß dadurch ein Parallelogramm entsteht.

12. Stelle Kongruenzsätze auf für rechtwinklige Dreiecke, Parallelogramme, gleichschenklige Trapeze.

13. Gegeben: Eine Gerade g und 2 Punkte A und B auf der nämlichen Seite von g. Bestimme einen Punkt C auf g, so daß $AC + CB$ möglichst klein wird.

14. A, B, C, D seien die 4 aufeinander folgenden Ecken eines Parallelogramms. Ziehe durch A eine Gerade g, die das Parallelogramm nicht schneidet. Beweise: die Summe der Abstände der Punkte B und D ist gleich dem Abstand des Punktes C von g.

15. Zwei kongruente Figuren mit gleichem Umlaufungssinn können immer durch eine einzige Drehung ineinander übergeführt werden.

Wir leisten den Nachweis hierfür zunächst für zwei gleich lange Strecken AB und A_1B_1 in Abb. 47. Der Drehpunkt M ist der Schnittpunkt der beiden Lote g und l, die man in der Mitte der Verbindungsstrecken entsprechender Punkte AA_1 und BB_1 errichten kann; denn es ist $AM = A_1M$; $BM = B_1M$ und daher $\triangle ABM \cong \triangle A_1B_1M$ (s, s, s). Daher kann das Dreieck ABM durch Drehung um M mit dem Dreieck A_1B_1M und daher auch die Strecke AB mit A_1B_1 zur Deckung gebracht werden. — Ist nun C irgendein dritter Punkt, der mit A und B starr verbunden ist, und ist $\triangle ABC \cong \triangle A_1B_1C_1$, so deckt sich

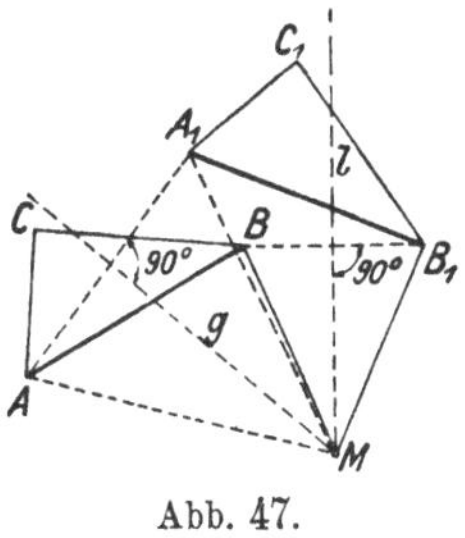

Abb. 47.

nach der Drehung auch C mit C_1. Wo liegt der Drehpunkt M, wenn AB und A_1B_1 parallel sind und gleiche oder entgegengesetzte Richtung besitzen?

§ 4. Einige Konstruktionslinien.
Geometrische Örter.

a) Die Mittelsenkrechte einer Strecke (Abb. 48). Darunter verstehen wir das Lot (m), das in der Mitte M einer Strecke AB

errichtet werden kann. Jeder beliebige Punkt P auf m hat von den Endpunkten A und B der Strecke die gleiche Entfernung $(PA = PB)$, da m die Symmetrieachse der Strecke ist. Jeder Punkt, der nicht auf m liegt, hat von A und B verschiedene Entfernungen. **Auf der Mittelsenkrechten liegen demnach alle Punkte, die von A und B gleich weit entfernt sind; daher liegen auf ihr die Mittelpunkte aller Kreise, die durch die beiden Punkte A und B gehen.**

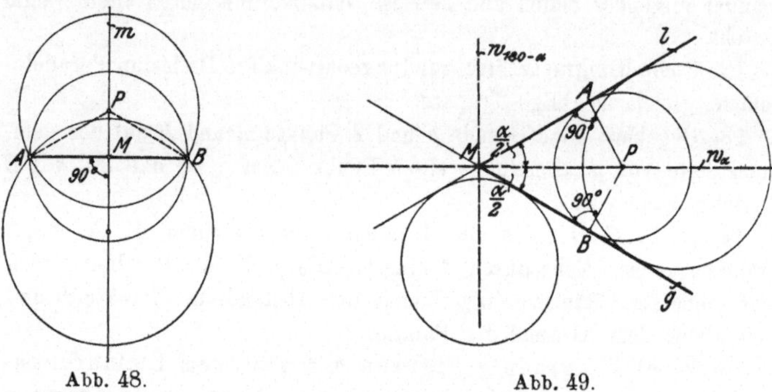

Abb. 48.   Abb. 49.

b) Die Winkelhalbierende (Abb. 49). Jeder einzelne Punkt P auf der Halbierungslinie w_α eines Winkels α hat von den Schenkeln g und l den gleichen Abstand $(PA = PB)$; denn klappt man das Dreieck MPA um die Symmetrielinie w_α um, bis l auf g liegt, so fällt A auf B, da man von P ja nur ein Lot auf g fällen kann. **Die Winkelhalbierende enthält alle Punkte, die von den Schenkeln den gleichen Abstand haben; daher liegen auf ihr die Mittelpunkte aller Kreise, die die beiden Schenkel g und l berühren.** — Handelt es sich darum, Kreise zu zeichnen, welche die unbegrenzten Geraden g und l berühren, so ist auch die Winkelhalbierende $w_{180-\alpha}$ des Nebenwinkels von α in Betracht zu ziehen. $w_\alpha \perp w_{180-\alpha}$.

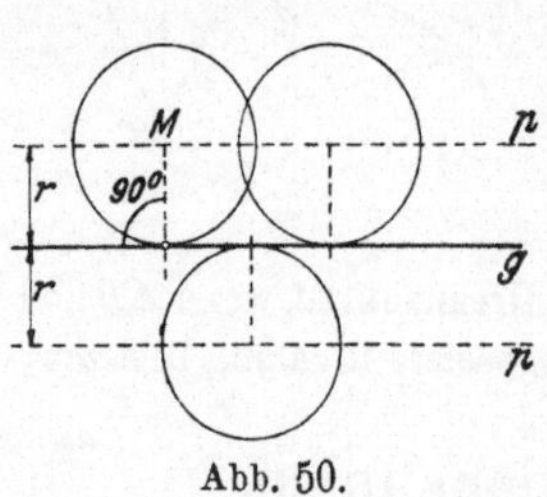

Abb. 50.

c) Die Parallele (p) zu einer Geraden (g) (Abb. 50). Auf ihr liegen alle Punkte, die von einer Geraden g den gleichen Abstand haben; daher liegen auf ihr die Mittelpunkte M aller Kreise, die g berühren und den Radius r haben.

d) Konzentrische Kreise. Zwei Kreise können sich höchstens in zwei Punkten schneiden (Abb. 51). Die Verbindungslinie g der Mittelpunkte M_1 und M_2 ist die gemeinsame Symmetrielinie der beiden Kreise. Die Schnittpunkte A und B sind symmetrische Punkte. $AB \perp g$. g heißt die „Mittelpunktslinie" oder „Zentrale".

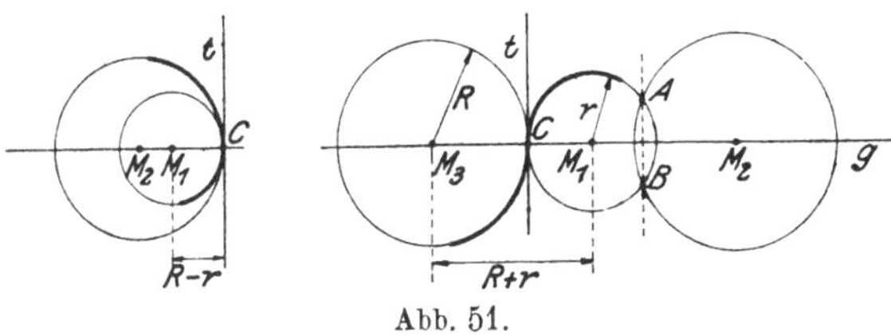

Abb. 51.

Berühren sich zwei Kreise, von außen oder von innen (Abb. 51), so haben sie im Berührungspunkt (C) eine gemeinsame Tangente (t), die auf der Mittelpunktslinie (g) senkrecht steht. Die Kreise gehen in C „tangential" ineinander über.

Zwei Kreise mit dem gleichen Mittelpunkt M (Abb. 52) heißen konzentrische Kreise. Die auf einem Radius liegende Strecke x, die zwei Punkte der verschiedenen Peripherien miteinander verbindet, mißt den Peripherieabstand. Auf den zu einem

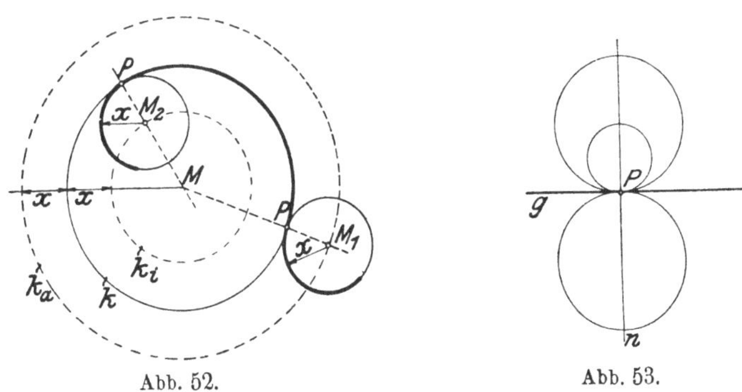

Abb. 52.   Abb. 53.

Kreise k konzentrischen Kreisen k_i und k_a liegen die Mittelpunkte aller Kreise mit dem Radius x, die den Kreis k berühren. Die Berührungspunkte P liegen immer auf der Verbindungslinie der Mittelpunkte (MM_1 und MM_2).

e) Das Lot (n), die Normale, in einem Punkte (P) einer Geraden (g) (Abb. 53) enthält die Mittelpunkte aller Kreise, die g in P berühren.

f) Der Halbkreis (oder der ganze Kreis) über einer Strecke als Durchmesser. Auf ihm liegen die Scheitel aller rechten Winkel, deren Schenkel durch die Endpunkte der Strecke gehen (§ 1, Abb. 21).

g) Der Kreisbogen (b), der zu einer gegebenen Sehne (s) und einem bestimmten Peripheriewinkel (α) gehört (Abb. 54). Auf ihm liegen alle Punkte, von denen aus die Strecke s unter dem Winkel α gesehen wird. Abb. 54 zeigt, wie man einen solchen Kreisbogen b konstruieren kann, wenn s und α gegeben sind. (Siehe § 1, Abb. 25.)

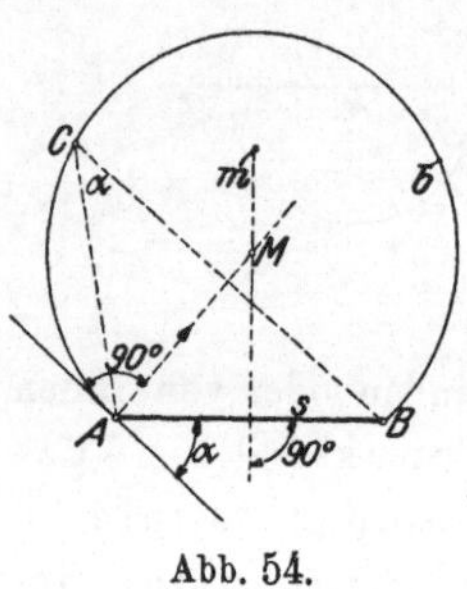

Abb. 54.

Jede Linie (oder Fläche), deren und nur deren Punkte eine bestimmte Bedingung erfüllen, nennt man auch „geometrischer Ort". Alle die besprochenen Hilfslinien a—g sind „geometrische Örter". Unter Benutzung dieses neuen Ausdrucks können wir z. B. sagen: der (geometrische) Ort aller Punkte, die von zwei festen Punkten gleiche Abstände haben, ist die Mittelsenkrechte der Verbindungsstrecke. — Der (geometrische) Ort der Mittelpunkte aller Kreise, die die Schenkel eines Winkels berühren, ist die Winkelhalbierende, usw.

In den folgenden Übungsaufgaben handelt es sich fast überall um die Bestimmung eines Punktes. Man überlegt sich an einer Hilfsfigur die beiden Bedingungen, die der zu konstruierende Punkt gegenüber den gegebenen Größen zu erfüllen hat. Jeder einzelnen Bedingung entspricht eine Hilfslinie, deren sämtliche Punkte dieser einen Bedingung genügen. Die Schnittpunkte der beiden Hilfslinien sind die gesuchten Punkte. Die folgende Aufgabe möge als Beispiel dienen.

Aufgabe. Es ist ein Kreis von vorgeschriebenem Radius r zu zeichnen, der einen gegebenen Kreis k und eine gegebene Gerade g berührt.

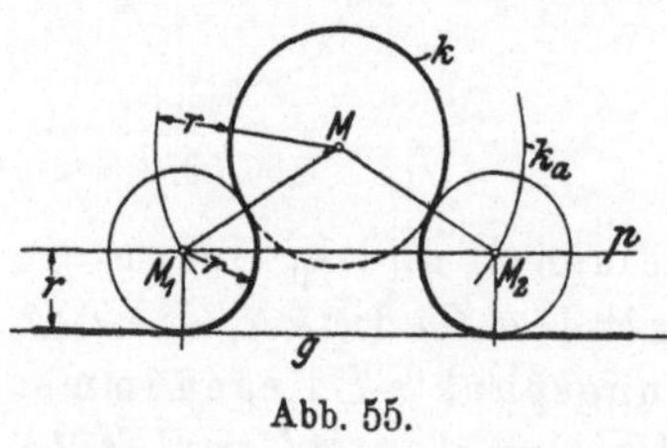

Abb. 55.

Lösung. (Abb. 55.) (Die Hilfsfigur ist nicht gezeichnet.) M ist der Mittelpunkt des gegebenen Kreises k. Man beachte nun etwa den zu bestimmenden Punkt M_1. Er hat

1. von g den vorgeschriebenen Abstand r und

2. von k den Peripherieabstand r.

Aus der ersten Bedingung folgt die Hilfslinie p; der zweiten entspricht der konzentrische Kreis k_a. Die Schnittpunkte M_1 und M_2 von p und k_a sind die Mittelpunkte der gesuchten Kreise. Wo liegen die Berührungspunkte mit g und k? Man zeichne eine Gerade g, die k schneidet und überlege, wie viele Lösungen jetzt möglich sind. Berücksichtige auch die zweite Parallele p zu g, eventuell auch den Hilfskreis k_i.

Übungen. Im folgenden bezeichnen wir mit A, B, M: Punkte; mit g, l: gerade Linien; mit k (2): einen Kreis von 2 cm Radius; mit M, M_1, M_2: die Mittelpunkte der Kreise k, k_1, k_2. Ag (6) bedeutet: der Punkt A hat von der Geraden g 6 cm Abstand; gl (5) bedeutet: zwei parallele Gerade von 5 cm Abstand.

    1. Gegeben: A, g; Ag (6).
        Gesucht: k (4) durch A, g berührend.

    2. Gegeben: g, l sich schneidend.
        Gesucht: k (3), g und l berührend.

    3. Gegeben: k (4); A; $AM = 6$ cm oder 3 cm.
        Gesucht: k (3) durch A, k berührend.

    4. Gegeben: k_1 (1); k_2 (1^1/$_2$) · $M_1 M_2 = 4$ cm.
        Gesucht: 1. k (3), der k_1 und k_2 ausschließend;
                    2. k (3), der k_1 aus- und k_2 einschließend;
                    3. k (5), der k_1 und k_2 einschließend berührt.

    5. Einen Kreis zu zeichnen, der durch die drei Ecken eines gegebenen Dreiecks geht (Umkreis des Dreiecks). Durch drei Punkte kann man nur einen Kreis legen.

    6. Einen Kreis zu zeichnen, der die drei Seiten eines Dreiecks berührt (Inkreis).

    7. Einen Kreis zu zeichnen, der eine Seite eines Dreiecks und die Verlängerungen der beiden anderen berührt (drei Ankreise).

    8. Gegeben: g und l sich schneidend; A auf g.
        Gesucht: k, der g und l berührt, g in A.

    9. Gegeben: g und l sich schneidend; P auf g.
        Gesucht: Kreise mit M auf g, die l berühren und durch P gehen.

    10. Gegeben: k (3) und g · Mg (5).
        Gesucht: Kreise mit dem Mittelpunkt auf k, die k und g berühren.

    11. Gegeben: k, A auf k; B beliebig.
        Gesucht: k_1, der k in A berührt und durch B geht.

    12. Gegeben: g, A auf g; B beliebig.
        Gesucht: k durch B und g in A berührend.

13. Gegeben: k, A auf k; g beliebig.

Gesucht: k_1, der k in A und g berührt.

14. Gegeben: g, l; $gl(5)$; $Mg(2)$; $k(1^1/_2)$; M liegt zwischen g und l.

Gesucht: k_1, der g, l und k berührt.

15. Es ist in einen Kreissektor der größte Kreis zu zeichnen. Unter Kreissektor versteht man einen Teil einer Kreisfläche, der von zwei Radien und dem zwischenliegenden Kreisbogen begrenzt ist. (Gemeinsame Tangente!)

16. Zeichne in einen Kreis von 7 cm Durchmesser α) 3, β) 4 gleich große sich berührende Kreise.

17. Konstruiere die Abb. 56—63 nach den vorgeschriebenen Maßen (mm). In allen Abbildungen müssen die Mittelpunkte der Kreise nicht durch Versuche, sondern als Schnittpunkte gewisser Hilfslinien bestimmt werden. Die Übergangspunkte der Kreisbogen in andere Kreisbogen oder in gerade Linien sollen genau ermittelt werden. In Abb. 63 ist der Mittelpunkt des Kreises von 26 mm Radius auf der Parallelen zur Symmetrielinie im Abstand 13 mm von dieser.

18. Abb. 64 enthält eine gute Korbbogenkonstruktion. Gegeben sind AB und EC, ferner $M_1A = r$ und $M_2C = R$. Gesucht ist der Mittelpunkt M_3 eines Kreises, der die Kreise um M_1 und M_2 tangential verbindet. Es ist $R = M_2C = M_2M_3 + M_3F = M_2M_3 + M_3M_1 + M_1G = M_2M_3 + M_3M_1 + r$, woraus die Bedingungsgleichung folgt

$$M_1M_3 + M_2M_3 = R - r$$

M_3 kann also dementsprechend gewählt werden. Einen schönen Korbbogen erhält man z. B., wenn man $M_1M_3 = M_2M_3 = 0,5\,(R - r)$ setzt und die Mittelpunkte M_1 und M_2 auf dem Lote von D auf die Diagonale AC wählt, wie in der Abb. 64.

19. Das Lot, das man von einer Ecke eines Dreiecks auf die Gegenseite oder deren Verlängerung fällen kann, heißt die Höhe eines Dreiecks. Ein Dreieck hat also drei Höhen; sie oder ihre Verlängerungen schneiden sich in einem Punkte. Zieht man nämlich durch jede Ecke des Dreiecks eine Parallele zur Gegenseite, so entsteht ein zweites größeres Dreieck, in dem die Höhen des ersten Dreiecks die Mittelsenkrechten der Seiten des größeren Dreiecks sind, und da die Mittelsenkrechten sich nach Aufgabe 5 in einem Punkte treffen, ist dies auch für die Höhen des ersten Dreiecks der Fall.

20. Zeichne ein rechtwinkliges Dreieck aus der Hypotenuse $c = 8$ cm und der zur Hypotenuse gehörigen Höhe $h = 3$ cm.

21. Der Fußpunkt der Höhe eines rechtwinkligen Dreiecks zerlegt die Hypotenuse in zwei Abschnitte von 3 und 5 cm Länge. Zeichne das Dreieck.

22. Eine Seite eines Dreiecks mißt 8 cm. Die zu den andern Seiten gehörigen Höhen sind 6 und 6,5 cm lang. Zeichne das Dreieck.

Ebenso. wenn die Höhen 3 und 4 cm lang sind.

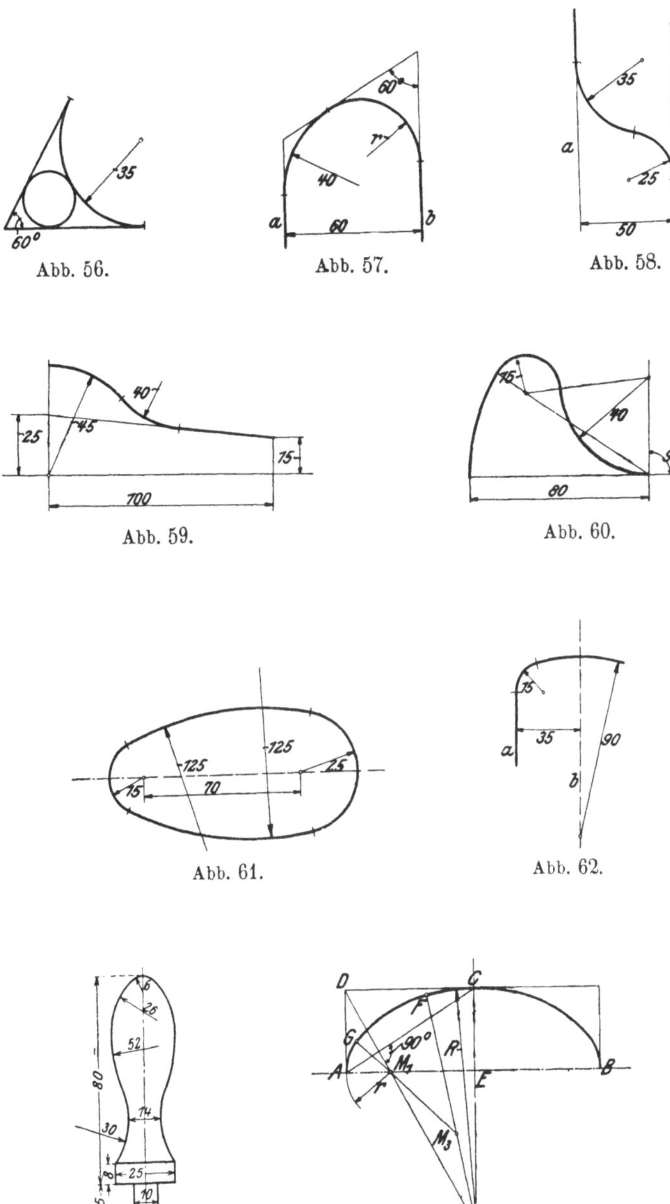

Abb. 56.

Abb. 57.

Abb. 58.

Abb. 59.

Abb. 60.

Abb. 61.

Abb. 62.

Abb. 63.

Abb. 64.

23. Eine Seite eines Dreiecks mißt 5 cm; der gegenüberliegende Winkel 60°, die zur gegebenen Seite gehörige Höhe 3,5 cm. Zeichne das Dreieck.

24. Gegeben: k (1,5), g, Mg (3). Gesucht: die Punkte auf g, von denen aus Tangenten von 5 cm Länge an k gezogen werden können.

25. Ziehe durch einen gegebenen Punkt eine Gerade, die einen gegebenen Kreis schneidet, so daß der im Kreis liegende Abschnitt der Geraden eine vorgeschriebene Länge hat.

26. Gegeben: Ein Kreis und eine Gerade g. Ziehe parallele Tangenten an den Kreis, so daß der zwischen den Tangenten liegende Abschnitt auf g die Länge $3r$ hat.

27. Gegeben: Zwei sich schneidende Kreise. Ziehe durch einen Schnittpunkt eine Gerade, so daß in den Kreisen zwei gleich lange Sehnen entstehen.

28. Gegeben: Zwei sich ausschließende Kreise k_1 und k_2. Bestimme A auf k_1 und B auf k_2 so, daß AB gleich einer gegebenen Strecke a und parallel zu einer Geraden g ist. (Anleitung: Verschiebe k_1 um den Betrag a parallel zu g.)

§ 5. Das rechtwinklige Koordinatensystem.

Wir besprechen in diesem Paragraphen ein einfaches geometrisches Hilfsmittel, das uns gelegentlich zur zeichnerischen (graphischen) Veranschaulichung des Zusammenhanges zweier Größen gute Dienste leisten wird.

Auf einem Blatt Papier ziehen wir zwei aufeinander senkrecht stehende gerade Linien, von denen wir die eine der Bequemlichkeit halber horizontal wählen (siehe Abb. 65). Wir nennen die horizontale Gerade die Abszissenachse oder x-Achse, die vertikale die Ordinatenachse oder y-Achse; beide Achsen zusammen heißen die Koordinatenachsen; sie schneiden sich im Nullpunkt oder Koordinatenanfangspunkt 0. Der von 0 nach rechts gehende Teil der x-Achse möge die positive, der nach links gehende die negative Abszissenachse heißen. Die positive Ordinatenachse geht von 0 nach oben, die negative nach unten.

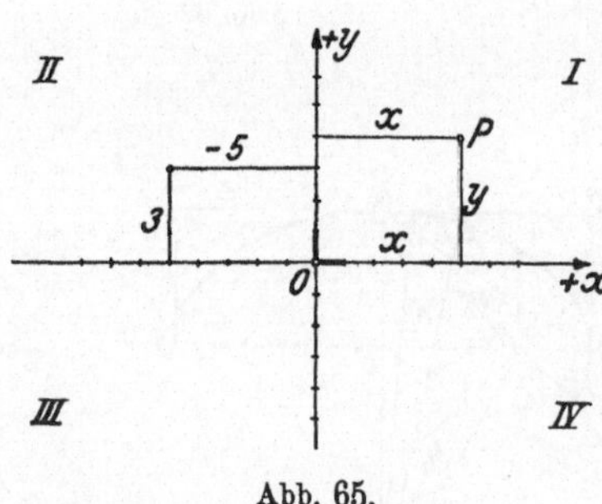

Abb. 65.

Durch die Achsen wird die Ebene in vier Felder zerlegt, die man Quadranten nennt und die wir im Sinne der Abbildung als den I.—IV. Quadranten unterscheiden. — Auf beiden positiven Achsen tragen wir von 0 aus eine bestimmte Strecke als Einheitsstrecke ab; sie möge als Längeneinheit dienen zur Messung aller Strecken auf den Koordinatenachsen oder auf Geraden, die zu den Achsen parallel laufen.

Nun sei P ein beliebig gewählter Punkt in einem der vier Quadranten. Er möge von der y-Achse den Abstand x, von der x-Achse den Abstand y haben. Diese Abstände x und y eines Punktes von den Koordinatenachsen, oder genauer gesagt, die Maßzahlen, die diesen Strecken zukommen, nennt man die **Koordinaten** des Punktes P. Im besonderen heißt x die **Abszisse**, y die **Ordinate**. Je nachdem der Punkt rechts oder links von der y-Achse liegt, rechnen wir seine Abszisse positiv oder negativ. Für die Punkte oberhalb der x-Achse soll die Ordinate positiv, für die unterhalb negativ gerechnet werden. In der folgenden Tabelle sind die Vorzeichen der Koordinaten für die vier Quadranten zusammengestellt.

Quadrant	I	II	III	IV
Abszisse x	$+$	$-$	$-$	$+$
Ordinate y	$+$	$+$	$-$	$-$

Nach Wahl eines Koordinatenkreuzes und einer Längeneinheit entspricht jedem Zahlenpaar ein bestimmter Punkt des Blattes, und umgekehrt, jedem Punkte des Blattes werden zwei Zahlen, seine Koordinaten, zugeordnet. Man nennt den Punkt P mit den Koordinaten x, y auch etwa den Bildpunkt des Zahlenpaares x, y.

Der Punkt P in Abb. 65 hat die Koordinaten $x = 5$, $y = 4$. Der Punkt mit den Koordinaten $(-5; 3)$ — die erste Zahl soll sich auf die Abszisse, die zweite auf die Ordinate beziehen — liegt im 2. Quadranten. Zeichne die Punkte mit den Koordinaten $(-5; -3)$, $(2; 7)$, $(8; 0)$, $(0; -4)$, $(0; 0)$, $(4; 0)$.

Es möge nun eine Größe x mit einer andern Größe y durch eine Gleichung, z. B. von der Form

$$y = 0{,}5x + 4 \tag{1}$$

verbunden sein. Jedem beliebigen Werte x ordnet diese Gleichung einen bestimmten Wert y zu. So erhalten wir für $x = 2$ den Wert $y = 0{,}5 \cdot 2 + 4 = 5$; für $x = 10$ findet man $y = 9$; ähnlich findet man für

$$x = 0 \quad 4 \quad 6 \quad 8 \quad 15 \quad -4 \quad -8$$
$$\text{die Werte } y = 4 \quad 6 \quad 7 \quad 8 \quad 11{,}5 \quad 2 \quad 0.$$

Jedem Wertepaare, das aus der Gleichung (1) hervorgegangen ist, ordnen wir nun in einem Koordinatensystem einen Punkt zu, indem wir die zusammengehörigen Werte x und y als Koordinaten eines Punktes auffassen. Einem Zahlenpaar entspricht ein Bildpunkt. So entspricht P_1 in Abb. 66 dem Wertepaar $x = 2$, $y = 5$; P_2 gehört zu $x = 6$, $y = 7$; P_3 zu

$x = 10$, $y = 9$ usw. Alle so konstruierten Punkte liegen merkwürdigerweise in einer geraden Linie g. Der Gleichung $y = 0{,}5\,x + 4$ ist also im Koordinatensystem eine gerade Linie zugeordnet. Man sagt: g sei das geometrische Bild, die graphische Darstellung der Gleichung $y = 0{,}5\,x + 4$, oder: $y = 0{,}5\,x + 4$ sei die Gleichung der Geraden g.

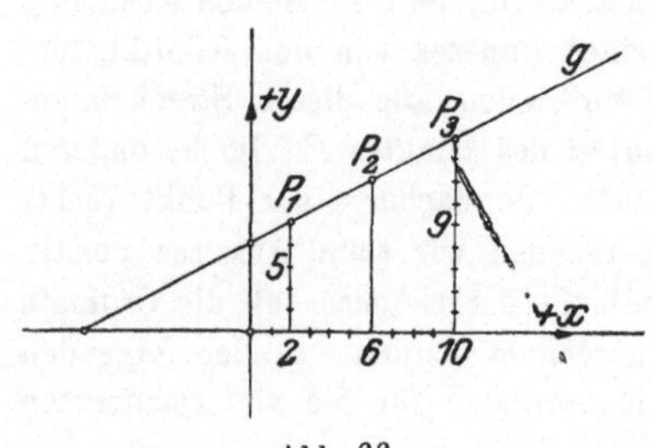

Abb. 66.

Durch die Gleichung (1) ist die Größe y gesetzmäßig von der Größe x abhängig. Man sagt auch: y ist eine **Funktion** von x. Damit will gesagt sein: Es ist eine bestimmte Vorschrift vorhanden, die jedem bestimmten Werte x einen bestimmten Wert y zuordnet. Die Vorschrift ist in dem besprochenen Beispiel durch die Gleichung (1) gegeben. Die Größe x, der wir beliebige Zahlenwerte beigelegt haben, heißt auch die unabhängige Veränderliche und y heißt die abhängige Veränderliche.

Ähnlich wie in dem besprochenen Beispiel (1) können wir nun jeder beliebigen algebraischen Beziehung zwischen zwei Größen x und y im Koordinatensystem ein Bild entsprechen lassen. Dabei werden die Punkte natürlich nicht immer in einer geraden Linie angeordnet sein; es können Kurven entstehen.

Aufgabe. In den folgenden Gleichungen setze man für x der Reihe nach mehrere verschiedene Zahlenwerte ein, berechne die zugehörigen y und zeichne auf einem Blatt Millimeterpapier, nach Wahl eines Koordinatensystems, die den Wertepaaren x, y entsprechenden Punkte. Als Längeneinheit wähle man auf beiden Achsen 1 cm.

1. $y = 0{,}5\,x$ 2. $y = 0{,}5\,x + 2$ 3. $y = 0{,}5\,x - 3$

4. $y = -\,0{,}5\,x$ 5. $y = x$ 6. $y = -\,0{,}4\,x + 6.$

Jeder einzelnen Gleichung entspricht eine gerade Linie. Man zeichne alle Beispiele auf dem gleichen Blatt in verschiedener Farbe oder in verschiedenen Stricharten und überlege, warum die Geraden (1—3) parallel sind.

7. $y = 0{,}1\,x^2$ 8. $y = 0{,}2\,x^2$ 9. $y = 0{,}1\,x^2 + 3$

7—9 sollen auf dem gleichen Blatt gezeichnet werden; ebenso von den folgenden 10—12 und 13—15:

10. $y = \dfrac{12}{x}$ 11. $y = \dfrac{24}{x}$ 12. $y = \dfrac{24}{x} + 3$

13. $y = \sqrt{49 - x^2}$ 14. $y = 1{,}2 \cdot \sqrt{49 - x^2}$ 15. $y = 0{,}5\sqrt{49 - x^2}$

Oft ist das Gesetz, das die Abhängigkeit zweier Größen regelt, nicht durch einen algebraischen Ausdruck, wie in den besprochenen Beispielen,

festgelegt. Aber auch in solchen Fällen kann das Koordinatensystem
mit Vorteil zur Veranschaulichung der gegenseitigen Beziehungen benutzt werden. Will man sich z. B. über die Schwankungen der Temperatur
während eines Tages eine gute Vorstellung machen, so trägt man auf einer
Abszissenachse von Zentimeter zu Zentimeter die Stunden (1 h, 2 h ...)
und als Ordinaten die zugehörigen Temperaturen ab. Eine Kurve, die
die einzelnen Punkte miteinander verbindet, gibt einen viel klareren Ein-
blick in die Schwankungen der Tagestemperatur, als eine bloß tabellarische
Zusammenstellung von Stunde und Temperatur.

Weitere Beispiele zur graphischen Darstellung bieten: Luftdruck
und Monatstage; Tage und Kurs eines Wertpapiers; indizierte und Brems-
leistung einer Dampfmaschine usw. Wir benutzen das Koordinatensystem
in der Folge hauptsächlich zur Veranschaulichung des Zusammenhangs
gewisser geometrischer Größen, z. B. Durchmesser und Umfang; Radius
und Inhalt eines Kreises; Bogenmaß und Gradmaß eines Winkels. Dabei
werden wir in fast allen Fällen mit dem ersten Quadranten
allein auskommen. Beachte die Abb. 106, 145.

§ 6. Berechnung einiger Flächen.

Eine Fläche messen, heißt untersuchen, wie oft eine als Einheit gewählte Fläche (ein Quadrat) in ihr enthalten ist.

Rechteck. Quadrat.

Das Rechteck in Abb. 67 hat eine Grundlinie g von 5 cm und
eine Höhe h von 4 cm Länge. Es enthält vier Schichten von je
fünf Quadraten, hat also einen Inhalt von $5 \cdot 4 = 20$ Quadraten
von 1 cm Seite, oder 20 cm² (qcm). Wäre
$g = 5,3$ cm $= 53$ mm und $h = 4,6$ cm $= 46$ mm,
so hätte das Rechteck einen Inhalt von $53 \cdot 46$
$= 2438$ mm² (qmm), oder (da 100 mm² $= 1$ cm²
sind) einen Inhalt von 24,38 cm². Zu diesem
Resultat wäre man direkt durch Multiplikation
von 5,3 mit 4,6 gekommen. Allgemein wird
die Maßzahl für den Inhalt eines Rechtecks

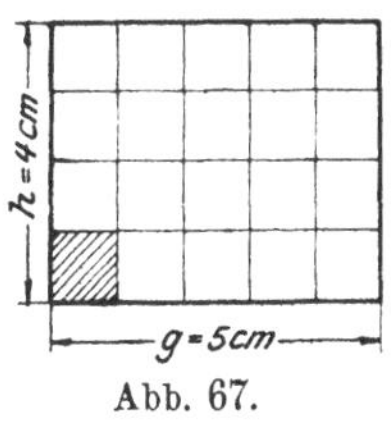

Abb. 67.

gefunden, indem man die Maßzahl der Grundlinie mit der Maßzahl der Höhe multipliziert, oder kürzer: der Inhalt (J) eines
Rechtecks ist gleich dem Produkt aus der Grundlinie
und der Höhe. $$J = g \cdot h.$$

Für ein Quadrat von der Seite s wird:
$$J = s \cdot s = s^2,$$
daraus folgt $$s = \sqrt{J}.$$

Parallelogramm.

Die Abb. 68 und 69 enthalten je ein Rechteck und ein Parallelogramm von gleicher Grundlinie und gleicher Höhe.

In Abb. 68 ist:
$$\triangle A \cong \triangle C \ (s, w, s),$$
ferner ist:
$$B = B\ ^1),$$
die Summe gibt:
$$A + B = B + C.$$

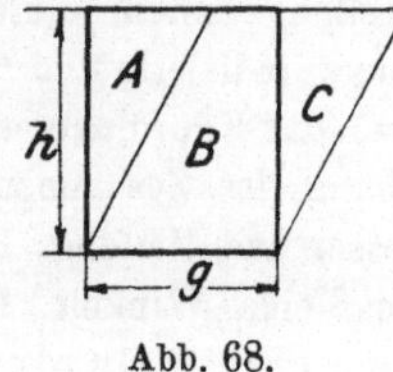

Abb. 68.   Abb. 69.

In Abb. 69 ist:
$$\triangle (A + D) \cong \triangle (D + C),$$
somit ist, wenn man auf beiden Seiten D subtrahiert,
$$A = C\ ^1),$$
ferner ist:
$$B = B,$$
somit wieder:
$$A + B = B + C,$$

d. h.: jedes Parallelogramm ist inhaltsgleich einem Rechteck von gleicher Grundlinie und Höhe. Da der Inhalt eines Rechtecks durch das Produkt $g \cdot h$ gefunden wird, kann man auch den Inhalt des Parallelogramms auf die gleiche Art berechnen. $J = g \cdot h$ ist die gemeinsame Inhaltsformel für alle Parallelogramme.

Alle Parallelogramme von gleicher Grundlinie und Höhe sind inhaltsgleich. Man zeichne über der gleichen Grundlinie mehrere inhaltsgleiche Parallelogramme.

Vierecke, deren Diagonalen aufeinander senkrecht stehen, können leicht aus den beiden Diagonalen D und d berechnet werden. Ihr Inhalt ist gleich dem halben Produkte der Diagonalen.

$$J = \frac{dD}{2}.$$

---

1) „Gleich" bedeutet: A und C haben den gleichen Flächeninhalt. $\cong$ bedeutet: gleiche Form und gleichen Inhalt.

Zum Beweise dieses Satzes ziehe man durch die Ecken eines solchen Vierecks Parallelen zu den Diagonalen, wodurch ein Rechteck entsteht.

Vierecke der besprochenen Art sind der Rhombus und das Quadrat. Für das Quadrat erhält man im besonderen $J = d^2 : 2$ d. h. der Inhalt eines Quadrates ist gleich dem halben Diagonalenquadrat.

Dreieck.

Jedes Dreieck kann als die Hälfte eines Parallelogramms von gleicher Grundlinie und Höhe aufgefaßt werden (Abb. 70). Sein Inhalt ist daher gegeben durch:

$$J = \frac{g \cdot h}{2} = \frac{g}{2} \cdot h = \frac{h}{2} \cdot g = \frac{1}{2} g h$$

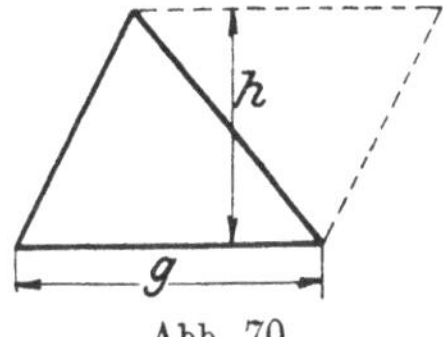

(in Worten!).

Alle Dreiecke von gleicher Grundlinie und Höhe sind inhaltsgleich.

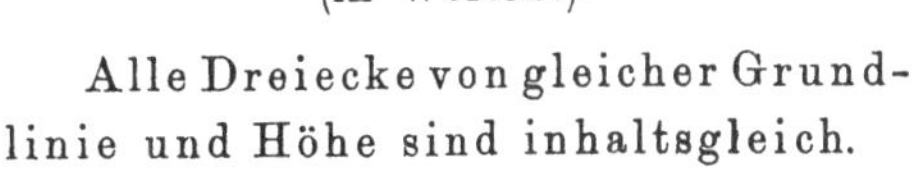

Abb. 70.

Trapez.

Eine Diagonale zerlegt ein Trapez von den Grundlinien a und b in zwei Dreiecke von der gleichen Höhe h. Der Inhalt des Trapezes ist daher

$$J = \frac{ah}{2} + \frac{bh}{2} = \frac{a+b}{2} \cdot h.$$

Nun ist $\dfrac{a+b}{2} = m = $ der Mittellinie des Trapezes (Abb. 45). Daher ist der Inhalt

$$J = \frac{a+b}{2} \cdot h = m \cdot h = \textbf{Mittellinie mal Höhe.}$$

Alle Trapeze von gleicher Mittellinie und Höhe sind inhaltsgleich.

Tangentenvieleck.

Darunter verstehen wir ein Vieleck, dessen Seiten Tangenten an einen Kreis sind. Verbindet man den Mittelpunkt des Kreises mit allen Ecken des Vielecks, so entstehen Dreiecke mit einer gemeinsamen Ecke im Mittelpunkt des Kreises und der gleichen

Höhe r. Sind a, b, c ... die Seiten des Vielecks (man zeichne die Figur), so ist dessen Inhalt gegeben durch

$$J = \frac{ar}{2} + \frac{br}{2} + \frac{cr}{2} + \cdots = \frac{r}{2} \cdot (a + b + c + \cdots),$$

$$a + b + c + \cdots = u = \text{Umfang des Vielecks}.$$

Daher ist $\qquad J = \dfrac{ur}{2} = \dfrac{\textbf{Umfang} \times \textbf{Radius}}{2}.$

Für ein **Dreieck** mit den drei Seiten a, b, c erhält man speziell

$$J = \frac{(a + b + c)r}{2} = \frac{a + b + c}{2} \cdot r = s \cdot r$$

(siehe § 2, Aufgabe 22),

$$\boldsymbol{J = r \cdot s,} \quad \text{also ist} \quad r = \frac{J}{s};$$

damit kann man aus dem Inhalt und dem Umfang eines Dreiecks den Radius des einbeschriebenen Kreises berechnen.

––––––––––

Einzelne regelmäßige Vielecke, sowie den Kreis werden wir später besprechen. Unregelmäßige Vielecke zerlegt man zur Berechnung in Dreiecke oder Trapeze. Den Inhalt krummlinig begrenzter Figuren kann man nach **Simpson**[1]) nach der folgenden Methode näherungsweise berechnen.

Man zerlegt die zu messende Fläche durch parallele Gerade (y_0, y_1, y_2 ...) in eine **gerade** Anzahl Streifen von gleicher Breite x (Abb. 71). Je zwei nebeneinander liegende Streifen werden zu einem Flächenstück zusammengefaßt; man beachte etwa den schraffierten Teil der Fläche, der in der Abb. 72 in vergrößertem Maßstab besonders gezeichnet ist.

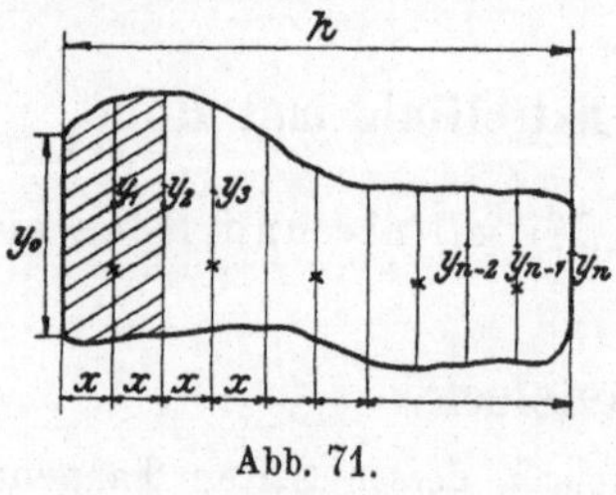

Abb. 71.

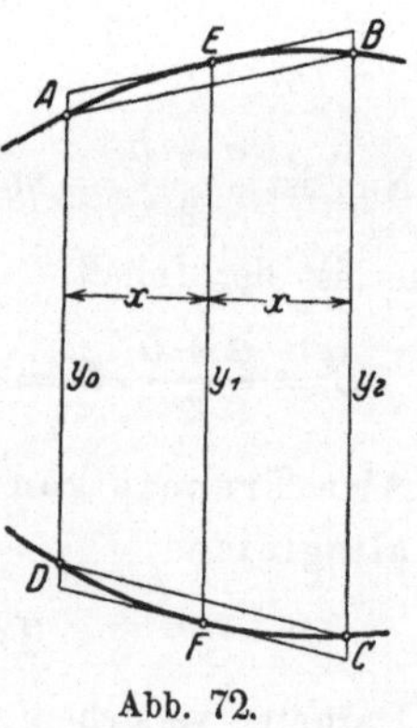

Abb. 72.

––––––––––

[1]) Der Engländer **Thomas Simpson** veröffentlichte das Verfahren im Jahre 1743. — Siehe **Horst von Sanden**: Praktische Analysis (Teubner 1914) S. 81.

Ersetzt man die Kurvenbogen AEB und CFD durch die Sehnen AB und DC, oder durch die Tangenten in E und F, dann ist die Fläche des Sehnentrapezes

$$S = (y_0 + y_2) \cdot x, \tag{1}$$

die des Tangententrapezes

$$T = 2y_1 \cdot x. \tag{2}$$

Wenn die Kurvenstücke AEB und CFD hinreichend klein gewählt sind, so kann man sie als Teile von Parabeln betrachten und die zwischen Sehne und Bogen liegenden Flächenstücke in der Abb. 72 als Parabelsegmente. Beide Segmente zusammen sind dann, wie wir in § 20 sehen werden, gleich zwei Dritteln der Differenz $T-S$. Die Gesamtfläche $AEBCFD$ ist daher angenähert gegeben durch

$$F_1 = S + \frac{2}{3}(T - S). \tag{3}$$

Setzt man hierin die Werte (1) nnd (2) ein und vereinfacht, so findet man

$$F_1 = \frac{x}{3}(y_0 + 4y_1 + y_2).$$

Indem man je zwei folgende Streifen in gleicher Weise zusammenfaßt und schließlich alle Teilflächen F_1; F_2 addiert, erhält man

$$F = \frac{h}{3n}[y_0 + y_n + 4(y_1 + y_3 + \cdots + y_{n-1}) + 2(y_2 + y_4 + \cdots + y_{n-2})]. \tag{4}$$

Hierin ist x ersetzt durch $h : n$, wo h die ganze Breite der Fläche (Abb. 71) bedeutet und n die gerade Anzahl der Streifen.

Praktisch gestaltet sich die Rechnung einfach, wenn man sich des folgenden Schemas bedient, worin S' die Summe der Endordinaten der Flächenstücke F_1; F_2... und T' die mittlere Ordinate bedeuten. Die in der Kolonne mit der Überschrift y eingetragenen Zahlen, seien die an einer Figur gemessenen Ordinaten. Die Breite $h = 12$ cm; $n = 8$.

y	S'	T'
4	0	0
3,94		
3,75	7,75	7,88
3,44		
3,00	6,75	6,88
2,44		
1,75	4,75	4,88
0,94		
0,00	1,75	1,88
	21,00	21,52

Es ist

$7,75 = 4 + 3,75; \quad 6,75 = 3,75 + 3,00$ usw.

$7,88 = 2 \cdot 3,94; \quad 6,88 = 2 \cdot 3,44$ usw.

Die Fläche S ist somit

$F =$ Summe aller S' plus zwei Drittel der Differenz aus der Summe aller T' und der Summe aller S', multipliziert mit der Breite der Streifen.

$$F = \frac{12}{8}\left[21,00 + \frac{2}{3}(21,52 - 21,00)\right]$$

$$= 1,5 \cdot (21,00 + 0,35) = 32,03 \text{ cm}^2 = F.$$

Bemerkung: Die Formel (3) gilt auch dann unverändert, wenn die Kurvenbogen AEB und CFD einwärts gekrümmt sind. $T-S$ wird dann negativ[1].

---

[1] Über eine zeichnerische Methode (graphische Integration) zur Bestimmung von Flächeninhalten siehe Hess: Analytische Geometrie (Julius Springer 1925).

§ 7. Beispiele zur Flächenberechnung.

1. Dimension. Es ist zweckmäßig, beim Rechnen mit benannten Zahlen auch die Art der Größen zu berücksichtigen, zu denen die Zahlen gehören. Die in der Bezeichnung „5 cm" zur Zahl 5 hinzutretende Benennung (Zentimeter) nennen wir die „Dimension" der Größe. Die Bezeichnungen „10 cm, 7 km" enthalten als Dimension eine „Länge". Bei den Berechnungen der Flächen werden die Maßzahlen zweier Längen miteinander multipliziert (5 cm², 10 m², 8 km²). Man sagt: jede Fläche hat als Dimension das „Quadrat einer Länge".

Der Quotient zweier Größen von der gleichen Dimension ist eine reine Zahl, eine Größe von der Dimension Null, z. B.

$$\frac{\text{Bogen eines Kreises}}{\text{Radius des Kreises}} \; .$$

Multipliziert man eine Größe mit einer reinen Zahl, so ändert sich die Dimension nicht. Vergleiche: $J = 0{,}5 \cdot g \cdot h$, oder $J = 3{,}14 r^2$, oder $m = 0{,}5 \cdot (a + b)$.

Winkel sind Größen von der Dimension Null. Prüfe die Dimension von $\dfrac{\pi r^2 \alpha^0}{360°}$, wenn r der Radius des Kreises ist, α und 360° Winkel sind und π eine reine Zahl ist.

Man kann nur Größen von der gleichen Dimension zueinander addieren oder voneinander subtrahieren. Beachte die Ausdrücke $J = \dfrac{a + b}{2} \cdot h$; $s = \dfrac{a + b + c}{2}$; $J = (R^2 - r^2)\,\pi$. — Prüfe die im vorhergehenden Paragraphen abgeleiteten Formeln auf ihre Dimension.

2. Rechnen mit Zahlen, die durch Messung gefunden wurden. Jede Messung ist nur bis zu einer bestimmten Grenze richtig. Hat man für die Seiten g und h eines Rechtecks durch Messung gefunden $g = 4{,}236$ m, $h = 1{,}453$ m, so ist das Produkt $g \cdot h$:

$$4{,}236 \cdot 1{,}453 = 6{,}154\,908 \text{ m}^2.$$

4,236	×××
1694	4××
211	80×
12	708
6,154	908

Man ist im Irrtum, wenn man glaubt, dies sei der genaue Inhalt des Rechtecks, genau bis auf die Quadratmillimeter. Denn nehmen wir an, es ständen uns verfeinerte Meßinstrumente zur Verfügung, mit denen wir etwa g zu 4,23643 und h zu 1,45326 m finden könnten, dann ständen an den in der Ausrechnung mit Kreuzchen bezeichneten Stellen noch Ziffern, die das Resultat in den letzten Ziffern verändern. Wir dürfen das Resultat nur so weit als zuverlässig betrachten, wie es von den uns unbekannten Ziffern nicht beeinflußt wird, d. h. wir wissen vom Inhalt nur, daß er ungefähr $6{,}155\,\mathrm{m}^2$ beträgt. Zu diesem Resultate kommt man auf bequeme Art mit Hilfe der „abgekürzten Multiplikation":

$$
\begin{array}{r}
4{,}236 \cdot 1{,}453 \\ \hline
4{,}236 \\
1694 \\
212 \\
13 \\ \hline
6{.}155
\end{array}
$$

Wir erkennen an diesem Beispiel, daß sich der Inhalt eigentlich nur auf die Quadratdezimeter genau bestimmen läßt, obwohl die Seiten auf die Millimeter genau gemessen wurden!

Ähnliche Überlegungen, wie an die Multiplikation, lassen sich an die übrigen Rechenoperationen knüpfen. Im allgemeinen gilt die Regel: Wenn in einer Zahl nur 3 oder 4 Ziffern (unbekümmert um die Stellung des Kommas) zuverlässig sind, so kann man auch das Resultat nur auf 3 oder 4 Ziffern genau bestimmen.

In den folgenden Beispielen werden wir fast überall die „abgekürzten Rechnungsoperationen" verwenden.

3. $g =$ Grundlinie, $h =$ Höhe, $J =$ Inhalt eines Rechtecks oder Parallelogramms. Berechne aus zwei dieser Größen die dritte:

	a)	b)	c)	d)
$g =$	1,56 dm	0,456 m	8 mm	3,46 km
$h =$	2,73 dm	23 cm	24 m	280 m
$J =$	4,26 dm²	10,49 dm²	19,20 dm²	0,969 km²

4. $d =$ Diagonale, $s =$ Seite, $J =$ Inhalt eines Quadrates. Berechne aus einer dieser Größen die übrigen.

1.	$d = 2{,}64$ m	$s = 1{,}865$ m	$J = 3{,}48$ m²
2.	$s = 5{,}72$ cm	$J = 32{,}72$ cm²	$d = 8{,}09$ cm
3.	$J = 22{,}56$ m²	$s = 4{,}75$ m	$d = 6{,}72$ m

5. Eine eiserne Stange von quadratischem Querschnitt soll einen Zug von 9000 kg aufnehmen. Auf 1 cm² der Querschnittsfläche ist eine Belastung von 800 kg zulässig. Wie lang ist die Quadratseite zu wählen? ~ 34 mm.

6. In ein Quadrat von 35 cm Seite ist ein anderes gezeichnet, dessen Seiten überall den Abstand x von den Seiten des ersten Quadrates haben. Die zwischen den beiden Quadraten liegende Fläche hat einen Inhalt von 400 cm². Berechne $x \cdot (3{,}14$ cm$)$.

7. $g =$ Grundlinie, $h =$ Höhe, $J =$ Inhalt eines Dreiecks. Aus irgend zwei Größen ist die dritte zu berechnen.

	a)	b)	c)	d)
$g =$	8,4 cm	52 cm	36 m	5,143 m
$h =$	7,5 cm	14,8 cm	1,478 m	6,282 m
$J =$	31,5 cm²	384,8 cm²	26,604 m²	16,154 m²

Der Inhalt eines rechtwinkligen Dreiecks ist $\dfrac{ab}{2}$. a und b sind die Katheten.

8. In Abb. 73 ist $b = 20$, $h = 30$, $d = 4$ cm,

daraus folgt $J = 248$ cm², $u = $ Umfang $= 132$ cm;

in Abb. 74 ist $b = 10$, $h = 16$, $a = 5$, daraus folgt $J = 132{,}5$ cm².

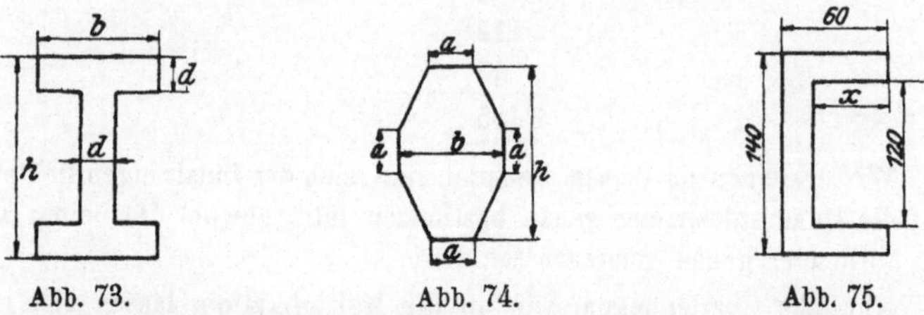

Abb. 73.   Abb. 74.   Abb. 75.

9. Der Inhalt der Abb. 75 ist $20{,}40$ cm². Die eingetragenen Maße sind Millimeter. Berechne $x \cdot$ (53 mm).

10. a und b sind die Parallelen, h die Höhe eines Trapezes. Berechne aus drei der vier Größen, a, b, h, J die vierte.

$a = $	1) 50	2) 2,8	3) 2,6	4) 8,432	5) 0,42 m
$b = $	76	10,42	8,4	10,658	6,58 m
$h = $	24	2,7	6,3	15	8 m
$J = $	1512	15,147	34,65	143,175	28 m²

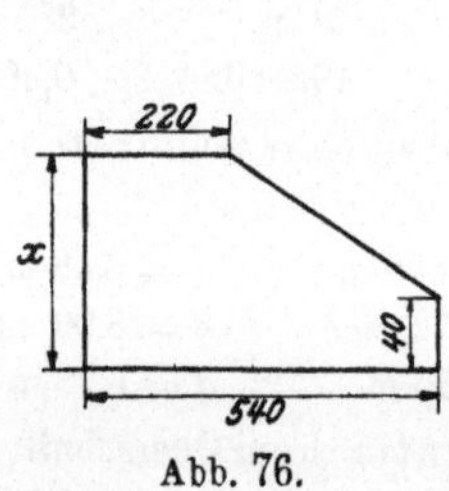

Abb. 76.

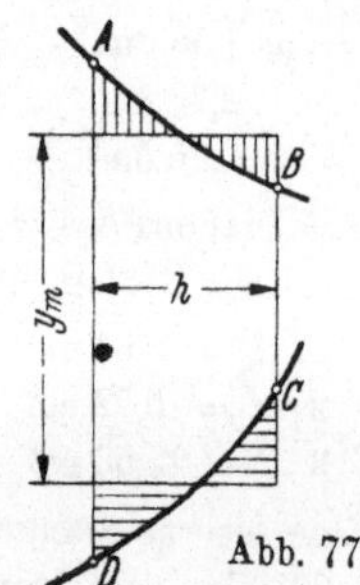

Abb. 77.

11. Der Inhalt der Abb. 76 ist $12{,}80$ dm². Die Maße sind Millimeter. Berechne $x \cdot$ (32 cm).

12. Beispiele für die Simpsonsche Formel.

a) $h = 8$ cm; Ordinaten $y = 12{,}3$, $15{,}6$, $18{,}4$, $19{,}3$, $20{,}4$, $19{,}5$, $17{,}2$, $16{,}4$, $15{,}0$ cm. — ($F = 141$ cm².)

b) $h = 16$; Ordinaten $7{,}28$, $9{,}43$, $6{,}52$, $7{,}38$, $5{,}28$, $4{,}63$, $3{,}81$, $2{,}41$, $1{,}51$, $0{,}82$, 0 cm. — ($F = \sim 75$ cm².)

c) $h = 10$; Ordinaten: $3{,}63$, $4{,}02$, $4{,}46$, $4{,}94$, $5{,}47$, $6{,}05$, $6{,}69$, $7{,}41$, $8{,}19$, $9{,}06$, $10{,}02$ cm. — ($F = 63{,}07$ cm².)

13. Zeichne einen Viertelkreis von 10 cm Radius und ziehe in Abständen von 1 cm Ordinaten senkrecht zu einem der Begrenzungsradien;

messe die Ordinaten an der Figur und berechne den Inhalt des Viertelkreises nach der Simpsonschen Formel. Vergleiche das Resultat mit dem genauen Inhalt $J = 78{,}54$ cm².

14. Der Mittelpunkt eines Kreises ist 8 cm vom Mittelpunkt einer Sehne von 20 cm Länge entfernt. Bestimme die Fläche zwischen Sehne und zugehörigem Kreisbogen nach Simpson ($J = \sim 67$ cm²).

15. Für ein Kreissegment mit der Sehne $s = 10$ cm und der Bogenhöhe 3 cm erhält man $J = \sim 21{,}4$ cm².

16. Der Flächeninhalt unregelmäßig begrenzter Figuren kann ungenähert wie folgt bestimmt werden. Man zerlegt die Figur durch parallele Gerade in Streifen. Abb. 77 zeigt einen beliebigen dieser Streifen, $ABCD$. Man verwandelt ihn in ein inhaltsgleiches Rechteck, indem man sowohl AB als CD mit je einer Horizontalen so schneidet, daß die gleichschraffierten, dreieckförmigen Zwickel gleich groß sind, was erfahrungsgemäß mit freiem Auge ganz gut ausführbar ist. Die Fläche $ABCD$ hat dann den Inhalt $h \cdot y_m$

Man bestimme jetzt die Fläche des Viertelkreises der Aufgabe 13 mit $h = 2$ cm.

17. Einige Verwandlungsaufgaben.

Mit Hilfe des Satzes: „Dreiecke (Parallelogramme) von gleicher Grundlinie und Höhe sind inhaltsgleich" kann man einzelne Figuren in andere inhaltsgleiche verwandeln.

Es soll z. B. Dreieck ABC in Abb. 78 in ein anderes von der gegebenen Grundlinie BD verwandelt werden. Ziehe AD, durch C die Parallele CE. Dreieck BED ist inhaltsgleich dem Dreieck ABC, denn

$$\triangle BCE = \triangle BCE,$$
$$\underline{\triangle ECA = \triangle ECD} \quad \text{(gleiche Grundlinie } EC \text{ und gleiche Höhe } x\text{);}$$

daher ist
$$\triangle BCE + \triangle ECA = \triangle BCE + \triangle ECD$$
oder
$$\triangle ABC = \triangle BDE.$$

Löse die gleiche Aufgabe, wenn $BD < BC$ ist. Verwandle ein Dreieck ABC in ein anderes von gegebener Höhe h (Abb. 78).

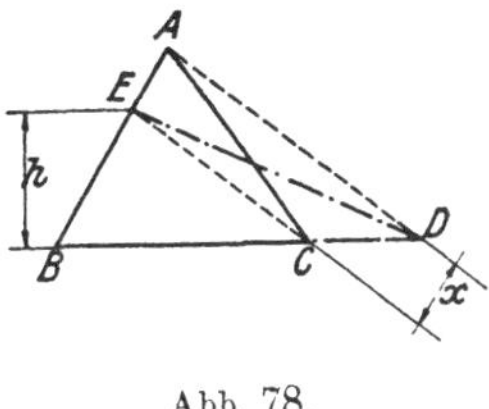

Abb. 78.

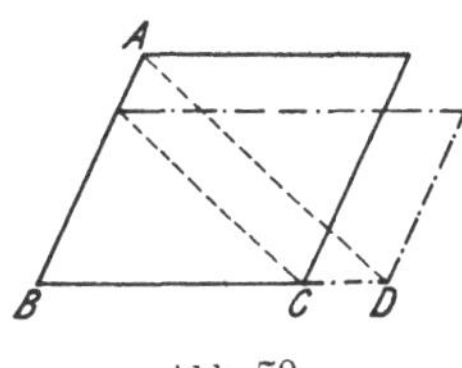

Abb. 79.

Die gleiche Abbildung enthält auch die Lösung für die Aufgabe: ein Parallelogramm in ein anderes Parallelogramm von gegebener Seite oder Höhe zu verwandeln. ABC kann als die Hälfte des gegebenen und BDE als die Hälfte des gesuchten Parallelogramms aufgefaßt werden oder auch umgekehrt. Man erkennt an einer selbst entworfenen Figur, daß die Linien AC und ED überflüssig werden, daß es genügt, die Parallelen AD und EC zu ziehen (Abb. 79).

Ist ein Vieleck in ein anderes, das eine Ecke weniger hat, zu verwandeln, so verschiebe man eine Ecke — z. B. E in der

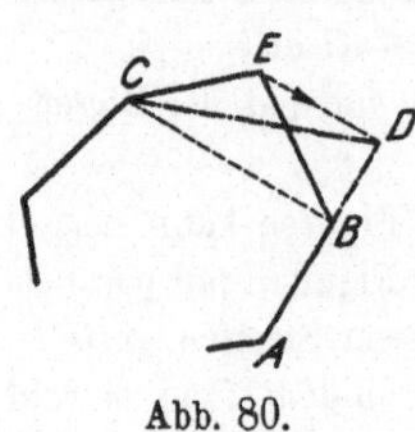

Abb. 80 — parallel zur Diagonale BC (die durch die beiden E zunächst liegenden Ecken geht), bis die neue Lage D von E in die Verlängerung einer Seite AB fällt. — Durch öftere Wiederholung kann man jedes Vieleck in ein inhaltsgleiches Dreieck verwandeln.

Abb. 80.

Ein Dreieck in ein Rechteck umzuformen ist leicht. Die Verwandlung eines Rechtecks in ein Quadrat wird später gezeigt werden.

Verwandle ein stumpfwinkliges Dreieck in ein rechtwinkliges, so daß die längste Seite des Dreiecks 1. Hypotenuse, 2. Kathete wird.

Verwandle ein Parallelogramm in einen Rhombus, so daß 1. seine Seite mit der längeren Seite des Parallelogramms übereinstimmt, 2. seine Diagonale gleich einer Diagonale des Parallelogramms ist.

Verwandle ein Parallelogramm in ein anderes, das einen vorgeschriebenen Winkel und eine vorgeschriebene Seite hat.

Prüfe bei allen Verwandlungsaufgaben die beiden gezeichneten Figuren auf ihre Inhaltsgleichheit durch Nachmessen.

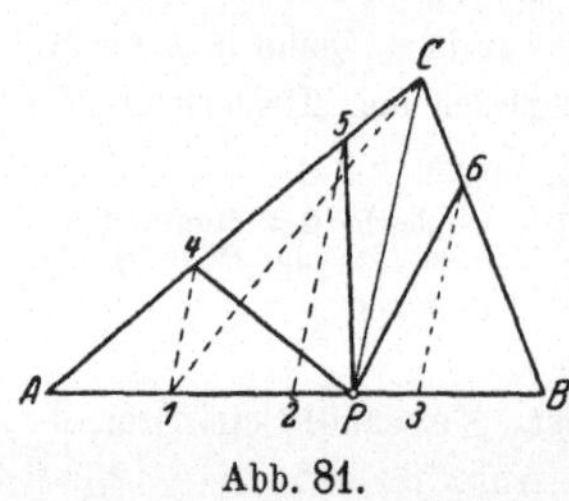

18. Zerlege ein Dreieck durch gerade Linien a) von einer Ecke, b) von einem beliebigen Punkte des Umfangs aus in vier inhaltsgleiche Flächenstücke. (Die 2. Aufgabe ist in Abb. 81 gelöst. ABC ist das gegebene Dreieck; P der gegebene Punkt. Teile AB in vier gleiche Strecken; ziehe durch die Teilpunkte 1, 2, 3 Parallele zu PC; jetzt sind $P4$; $P5$; $P6$ die gesuchten Teilungslinien. Begründe die Konstruktion.)

Abb. 81.

19. Beweise: Dreiecke mit gleichen Grundlinien verhalten sich wie ihre Höhen, und Dreiecke mit gleichen Höhen verhalten sich wie ihre Grundlinien.

Ziehe in einem Dreieck mit den Seiten a, b, c die Halbierungslinie des Winkels α, der a gegenüber liegt. Zeige, daß die Winkelhalbierende a in zwei Teile zerlegt, die sich wie die anstoßenden Seiten verhalten.

§ 8. Das rechtwinklige Dreieck.

Wir bezeichnen mit a und b die beiden Katheten, mit c die Hypotenuse, mit h die Höhe, die zur Hypotenuse gehört. h zerlegt c in zwei Abschnitte p und q. p liegt an der Seite a und q an b. (Zeichne die Figur.)

Der Inhalt J des rechtwinkligen Dreiecks ist einerseits $0{,}5 \cdot ab$, anderseits $0{,}5 \cdot ch$. Es ist also:

$$0{,}5 \cdot ch = 0{,}5\, ab;$$

daraus folgt:
$$h = \frac{ab}{c}. \tag{1}$$

Satz 1. Die Höhe ist gleich dem Produkte der Katheten dividiert durch die Hypotenuse.

In Abb. 82 sei ABC das rechtwinklige Dreieck; $BC = a$; $AC = b$, $AB = c$, $BD = p$, $DA = q$. Wir errichten über BC das Quadrat $a^2 = BCHJ$ und über BD ein Rechteck $BDEF$, so daß $BF = BA = c$ ist. Der Inhalt des Rechtecks ist somit gleich pc. Wir wollen beweisen, daß $a^2 = pc$ ist.

Zum Beweise ziehen wir JK parallel zu BA, und FG parallel zu BC; dann sind die beiden schraffierten Parallelogramme $BJKA$ und $BCGF$ kongruent; denn $JB = BC$; $BA = BF$ und $\measuredangle ABJ = \measuredangle FBC$. Nun ist

Quadrat $a^2 = BAKJ$ (gleiche Grundlinie BJ und gleiche Höhe BC),

$BAKJ \cong BFGC$ (wie wir bewiesen haben),

$BFGC = $ Rechteck pc (gleiche Grundlinie BF und gleiche Höhe BD).

Somit ist
$$a^2 = [BAKJ = BFGC =]\, pc,$$

also ist
$$a^2 = pc.$$

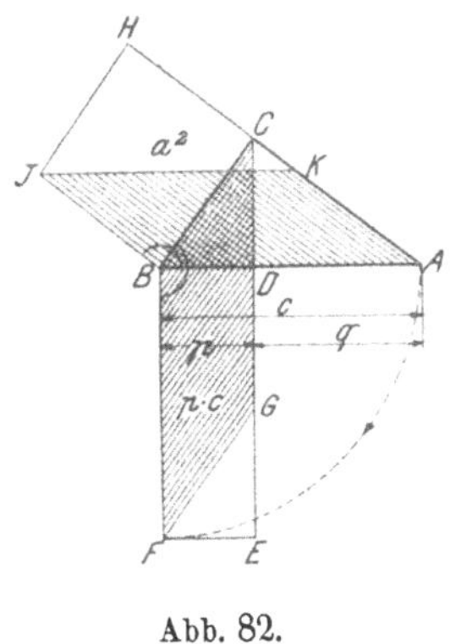

Abb. 82.

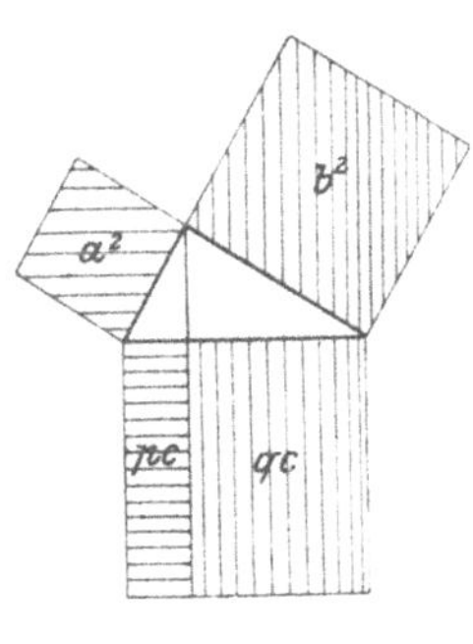

Abb. 83.

In ganz gleicher Weise könnte man zeigen, daß das Quadrat über b gleich ist dem Rechteck aus q und c. Beide Quadrate und Rechtecke sind in Abb. 83 gezeichnet. Es ist also

$$a^2 = pc \quad \text{und} \quad b^2 = qc. \tag{2}$$

Satz 2. **Das Quadrat** über einer **Kathete** ist gleich dem **Rechteck** aus der Hypotenuse und dem der **Kathete** anliegenden Hypotenusenabschnitt.

Addiert man die Gleichungen (2), •so erhält man (Abb. 83):

$$a^2 + b^2 = pc + qc = c(p + q) = c \cdot c = c^2, \text{ da } p + q = c \text{ ist.}$$

Es ist also:

$$a^2 + b^2 = c^2. \tag{3}$$

Satz 3. Die **Summe der Quadrate** über den beiden Katheten ist gleich dem **Quadrate** über der Hypotenuse, (Pythagoreischer Lehrsatz).

In dem rechtwinkligen Dreieck BDC der Abb. 84 ist nach (3)

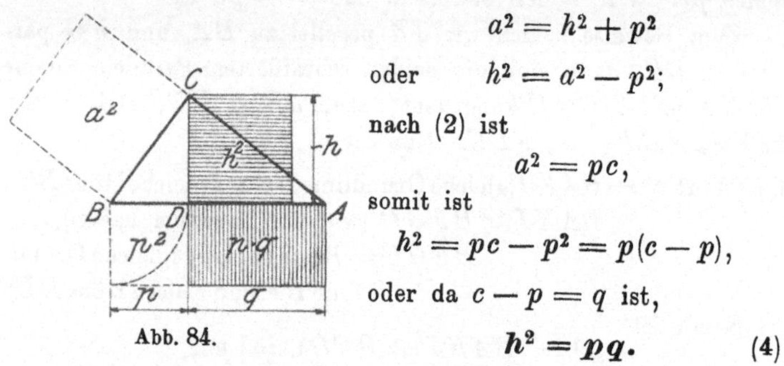

Abb. 84.

$$a^2 = h^2 + p^2$$

oder $\qquad h^2 = a^2 - p^2;$

nach (2) ist

$$a^2 = pc,$$

somit ist

$$h^2 = pc - p^2 = p(c - p),$$

oder da $c - p = q$ ist,

$$h^2 = pq. \tag{4}$$

Satz 4. **Das Quadrat** über der **Höhe** ist gleich dem **Rechteck** aus den beiden **Hypotenusenabschnitten.**

Man merke sich: In Satz 2 und 4 ist ein Quadrat gleich einem gewissen Rechteck; im dritten Satz kommen nur Quadrate vor. Der dritte Satz ist der wichtigste; mit seiner Hilfe kann man aus **zwei Seiten eines rechtwinkligen Dreiecks die dritte berechnen.**

Ist z. B. $a = 3$ cm, $b = 4$ cm, dann ist $c^2 = 3^2 + 4^2 = 25$, also $c = \sqrt{25} = 5$ cm.

Ist $a = 3$ cm, $c = 5$ cm; dann ist $b^2 = 5^2 - 3^2 = 16$, also $b = \sqrt{16} = 4$ cm. Allgemein ist:

$$c = \sqrt{a^2 + b^2} \qquad a = \sqrt{c^2 - b^2} \qquad b = \sqrt{c^2 - a^2}$$

Der Anfänger hüte sich vor dem Fehler: aus $c = \sqrt{a^2 + b^2}$ zu folgern $c = a + b!?$ Das wäre gleichbedeutend mit: die Hypotenuse ist gleich der Summe der Katheten.

Der zweite Satz ist nach dem griechischen Philosophen Pythagoras aus Samos (500 v. Chr.) bekannt. Ob Pythagoras den Lehrsatz selbst entdeckt hat, kann nicht mit Bestimmtheit nachgewiesen werden, doch ist es sehr wahrscheinlich. Wie er den Satz bewiesen hat, ist unbekannt; der von uns angegebene Beweis stammt von Euklid (300 v. Chr.). Das rechtwinklige Dreieck mit den Seiten 3, 4 und 5 war den alten Ägyptern schon 2000 v. Chr. bekannt; sie benutzten es sehr wahrscheinlich zum Abstecken eines rechten Winkels.

Über die Geschichte des pythagoreischen Lehrsatzes orientiert in vorzüglicher und unterhaltender Weise das kleine Büchlein von W. Lietzmann: „Der pythagoreische Lehrsatz mit einem Ausblick auf das Fermatsche Problem." Verlag Teubner.

> „Es ist nicht genug, zu wissen, man muß auch anwenden; es ist nicht genug, zu wollen, man muß auch tun."
>
> Goethe.

§ 9. Aufgaben über das rechtwinklige Dreieck.

1. Gegeben zwei der Größen a, b, c. Gesucht die dritte.

$a =$	1) 40	2) 255	3) 0,15	4) 18	5) 36	6) 4,395 m,
$b =$	42	32	1,12	25	97,57	2,384 m,
$c =$	58	257	1,13	30,81	104	5 m.

2. Man kann sich auf einfache Art drei ganze Zahlen a, b, c bilden, die der Gleichung $a^2 + b^2 = c^2$ genügen. Man setzt in den Ausdrücken

$$a = m^2 - n^2, \quad b = 2mn, \quad c = m^2 + n^2 \quad (m > n)$$

für m und n irgendwelche ganze Zahlen ein, dann besitzen die drei berechneten Zahlen a, b, c die gewünschte Eigenschaft. Wir setzen z. B. $m = 4$ und $n = 3$; dann ist $a = 4^2 - 3^2 = 7$, $b = 2 \cdot 4 \cdot 3 = 24$, $c = 4^2 + 3^2 = 25$. Nun ist tatsächlich $7^2 + 24^2 = 25^2$. Prüfe die Richtigkeit durch Ausrechnen. Zeige, daß $(m^2 - n^2)^2 + (2mn)^2 = (m^2 + n^2)^2$ ist. Berechne einige Zahlengruppen, a, b, c, für welche $a^2 + b^2 = c^2$ ist.

3. $a = 84$ cm, $b = 13$ cm sind die Seiten eines Rechtecks. Berechne die Diagonale d, sowie die Höhe des Dreiecks a, b, d (85 cm, 12,85 cm).

4. Gleichschenkliges Dreieck. $a =$ Grundlinie, $b =$ Schenkel, $h =$ Höhe, die zu a; $h_b =$ Höhe, die zu b gehört. Aus den fettgedruckten Zahlen der folgenden Angaben sollen die übrigen berechnet werden.

$a =$	1) **126**	2) **30,6**	3) 160	4) 30 cm,
$b =$	**65**	18,5	82	**113** cm,
$h =$	16	**10,4**	**18**	**112** cm,
$J =$	1008	159,12	**1440**	1680 cm²,
$h_b =$	31,02	17,2	35,12	29,73 cm.

5. Rhombus. $d = 120$ cm, $D = 182$ cm. d und D sind die Diagonalen. Berechne den Umfang u und den Abstand zweier Gegenseiten (436, 100,18 cm).

6. Der Radius eines Kreises ist 20 cm. Eine Sehne hat die Länge a) 6, b) 10, c) 36 cm. Berechne den Abstand x des Kreismittelpunktes von der Sehne (19,77, 19,36, 8,72 cm).

7. a und b sind zwei parallele Sehnen eines Kreises mit dem Radius r. Berechne die Entfernung x (y) der beiden Sehnen, wenn sie auf der gleichen Seite des Mittelpunktes liegen (wenn der Mittelpunkt zwischen den Sehnen liegt).

$a =$	1) 8C	2) 9,6	3) 4	4) 4 cm,
$b =$	84	11	18	8 cm,
$r =$	58	7,3	10	8 cm,
$x =$	2	0,7	5,44	0,82 cm
$y =$	82	10,3	14.16	14,67 cm.

Zeichne den Kreis und die beiden Sehnen des Beispiels 4) und prüfe die Rechnung durch Nachmessen an der Figur.

8. Berechne den Radius x (Abb. 85) aus den Größen h, r, a.
$$x = (h^2 + a^2 - r^2) : 2(h + r).$$
Für den k einschließenden Kreis wird der Radius $(h^2 + a^2 - r^2) : 2(h - r)$.

Sind k, g und A gegeben, so können die Kreise konstruiert werden. Anleitung: Mache $A_1A = A_2A = r$ und ziehe $g_1 \parallel g \parallel g_2$. Konstruiere den Kreis, der durch M geht und g_1 in A_1 berührt. Sein Mittelpunkt ist auch der Mittelpunkt von k_1!

9. Gegeben ein Kreis mit dem Radius r und eine Gerade g, die den Kreis nicht schneidet. Fälle vom Kreismittelpunkt ein Lot auf g. Seine Länge sei a. Trage vom Fußpunkt des Lotes eine Strecke b auf g ab und ziehe vom Endpunkt eine Tangente t an den Kreis. Berechne t aus a, b, r. Es wird $t = \sqrt{a^2 + b^2 - r^2}$. Für $a = 10$, $b = 16$, $r = 5$ wird $t = 18,19$ cm, $a = 9$, $b = 4$, $r = 5$ wird $t = 8,49$ cm.

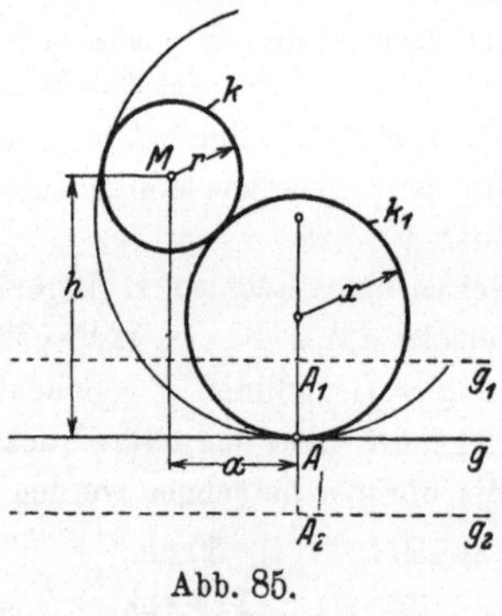

Abb. 85.

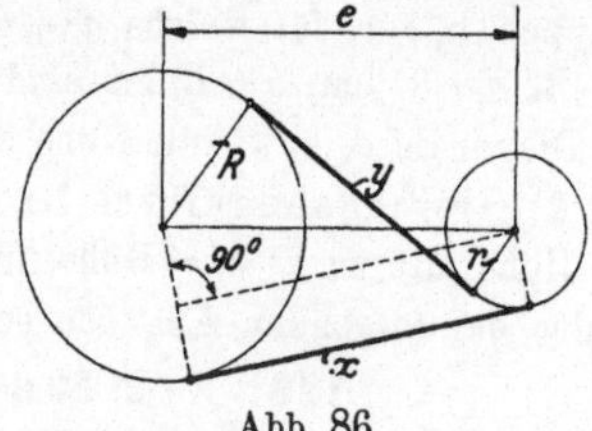

Abb. 86.

10. In Abb. 86 ist x die Länge einer äußern, y die Länge einer innern Tangente zweier Kreise mit den Radien R und r. e ist der Mittelpunktsabstand. Berechne x und y aus R, r und e.

Zu $e = 82$; $R = 26$; $r = 8$ cm gehört $x = 80$, $y = 74,6$ cm.

Warum ist x immer länger als y? — Für zwei Kreise, die sich von außen berühren, wird $x = 2\sqrt{Rr}$.

11. In einem Halbkreis vom Durchmesser $AB = 40$ cm werden von A aus in Abständen von je 4 cm Lote y auf AB errichtet und bis zum Kreisbogen verlängert. Berechne die Länge der vier ersten y (12,0, 16, 18,33, 19,60 cm).

12. In einem Endpunkte A eines Kreisbogens vom Radius r wird eine Tangente t gezogen. Auf t wird von A aus eine Strecke $AB = x$ abgetragen und in B ein Lot y auf t errichtet, das bis zum Kreisbogen verlängert wird. Berechne y aus x und $r \cdot (y = r - \sqrt{r^2 - x^2})$.

α) Für $r = 50$ und $x = 10, 20, 30, 40$ cm findet man $y = 1,01, 4,17, 10, 20$ cm.

β) Für $r = 120$ und $x = 20, 40, 60, 80, 100$ cm findet man $y = 1,7, 6,9, 16,1, 30,6, 53,7$ cm.

Innerhalb gewisser Grenzen kann y einfacher aus der guten **Näherungsformel** $y = x^2 : 2r$ berechnet werden. So lange x kleiner ist als $0,2r$, wird der aus $x^2 : 2r$ berechnete Wert y um weniger als 1 % vom richtigen Wert y abweichen.

γ) Zeichne in einem Koordinatensystem einen Viertelskreis von $r = 10$ cm, der die x-Achse im Anfangspunkt berührt und den Mittelpunkt auf der positiven Ordinatenachse hat. Zeichne im gleichen Koordinatensystem zum Vergleiche auch die Punkte ein, die sich aus $y = x^2 : 2r$ ergeben, für $x = 1, 2, \ldots 10$ cm.

δ) Zeichne ein Stück eines Kreisbogens, der zu einem Radius von 1 m gehört.

13. Die fettgedruckten Zahlen in der folgenden Tabelle beziehen sich auf gegebene, die andern auf berechnete Größen eines rechtwinkligen Dreiecks. (Siehe § 8 Anfang.) Die Längen sind in mm. der Inhalt in mm² angegeben.

a	b	c	p	q	h	J
60	**80**	100	36	64	48	2400
19,7	44,3	48,5	8	**40,5**	18	436
40	70	80,6	19,8	60,8	34,7	**1400**
34	63,7	72,25	16	56,25	**30**	1083
12,2	17,4	21,3	7	14,3	**10**	106
48	55	73	31,56	41,44	36,16	1320

14. Von einem Punkte P im Abstande a vom Kreismittelpunkt werden die beiden Tangenten t an einen Kreis (r) gezogen, die ihn in A und B berühren. Berechne t und die Berührungssehne $s = AB$ aus r und a.

	1)	2)	3)
$a =$	101	130	149 cm
$r =$	20	66	51 cm
$t =$	99	112	140 cm
$s =$	39,21	113,7	95,84 cm.

15. Berechne den Radius x eines Kreises, der einen gegebenen Kreis (r) und einen Durchmesser (oder seine Verlängerung) im Abstande a vom Mittelpunkte berührt.

$$x = (r^2 - a^2) : 2r, \text{ wenn } a < r \text{ und } (a^2 - r^2) : 2r, \text{ wenn } a > r \text{ ist.}$$

16. Aus der Sehne s (der Spannweite) und der Pfeilhöhe h eines Kreisbogens soll der Radius des Kreises berechnet werden.

Anleitung. Es ist:

$$\left(\frac{s}{2}\right)^2 + (r - h)^2 = r^2, \text{ hieraus } r = \frac{\left(\frac{s}{2}\right)^2 + h^2}{2h} = \frac{s^2}{8h} + \frac{h}{2}.$$

Für $h =$	1) 0,16	2) 5	3) 2	4) 5	5) 12,8 m,
$s =$	1,44	54	32	16	67,2 m
wird $r =$	1,70	75,4	65	8,9	50,5 m.

17. Die obere Begrenzungslinie in Abb. 87 ist die Hälfte eines Kreisbogens, der zu einer Spannweite $s = 30$ m gehört. Berechne den Radius r des Kreises und die Länge der Stäbe $a_1 - a_4$ aus den Angaben der Figur.

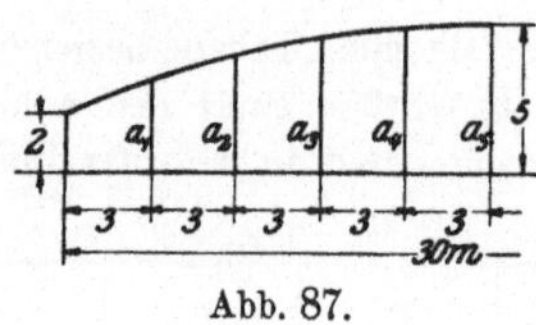

Abb. 87.

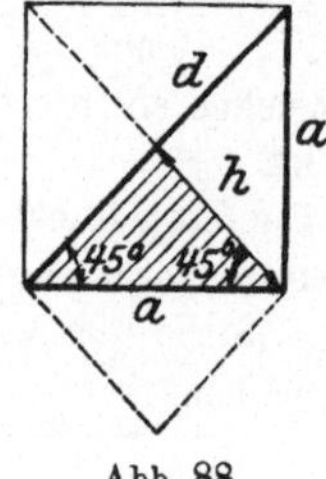

Abb. 88.

r wird 39 m. Die Sehne des Bogens ist daher vom Kreismittelpunkt um 36 m entfernt. Daher ist $. a_1 = \sqrt{39^2 - 12^2} - 36 + 2 = 37,108 - 34 = 3,108$ m. Ähnlich findet man $a_2 = 3,947$ m, $a_3 = 4,536$ m, $a_4 = 4,884$ m.

18. Das gleichschenklige rechtwinklige Dreieck (Abb. 88).

Wie groß sind seine Winkel? — Es kann als die Hälfte eines Quadrates aufgefaßt werden. Aus der Abbildung folgt:

Die Höhe h ist gleich der halben Hypotenuse.

Wir bezeichnen mit a die Katheten, mit d die Hypotenuse, dann ist:

$$d^2 = a^2 + a^2 = 2a^2;$$

also $\qquad d = a\sqrt{2} \qquad \sqrt{2} = 1,4142.$

Hypotenuse gleich Kathete mal $\sqrt{2}$.

Will man die Kathete aus der Hypotenuse berechnen, so löst man $d = a\sqrt{2}$ nach a auf. Es ist:

$$a = \frac{d}{\sqrt{2}} = \frac{d}{\sqrt{2}} \cdot \frac{\sqrt{2}}{\sqrt{2}} = \frac{d}{2}\sqrt{2},$$

$$a = \frac{d}{2}\sqrt{2}.$$

Kathete gleich halbe Hypotenuse mal $\sqrt{2}$.

Dieses Resultat kann man unmittelbar aus dem schraffierten Dreieck ablesen; a ist die Hypotenuse und $\frac{d}{2}$ die Kathete.

19. Das rechtwinklige Dreieck mit den Winkeln 30° und 60° (Abb. 89).

Es kann als die Hälfte eines gleichseitigen Dreiecks betrachtet werden.

Die kleine Kathete ist gleich der halben Hypotenuse.

Es sei a die kleine Kathete, h die große, $2a$ die Hypotenuse, dann ist:

$$h^2 = (2a)^2 - a^2 = 4a^2 - a^2 = 3a^2,$$

also:

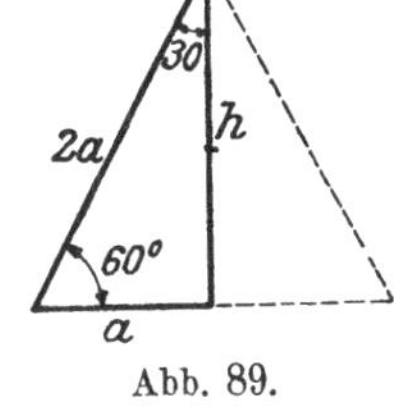

Abb. 89.

$$h = a\sqrt{3} \quad \sqrt{3} = 1{,}7321 \text{ (genauer 1,73205).}$$

Große Kathete gleich kleine Kathete mal $\sqrt{3}$.

Aus $h = a\sqrt{3}$ folgt

$$a = \frac{h}{\sqrt{3}} = \frac{h}{\sqrt{3}} \cdot \frac{\sqrt{3}}{\sqrt{3}} = \frac{h}{3}\sqrt{3},$$

$$a = \frac{h}{3}\sqrt{3}.$$

Die folgenden Beispiele werden uns mit diesen Dreiecken vertrauter machen.

20. a, d und J sind Seite, Diagonale und Inhalt eines Quadrates. Berechne aus einer dieser drei Größen die beiden andern:

	1)	2)	3)	4)	5)
$a =$	72	132	4,723	2,347	5,773 m.
$J =$	5184	17424	22,304	5,508	33,327 m².
$d =$	101,8	186,7	6,679	3,318	8,164 m.

Beispiel:

1. $a = 5{,}763$ m, $d = 5{,}763 \cdot 1{,}4142 = 8{,}150$ m.

2. $d = 70$ cm, $J = \frac{70^2}{2} = 2450$ cm², $a = \frac{d}{2}\sqrt{2} = 49{,}5$ cm.

21. Zeichne ein Quadrat, das doppelt so groß ist wie ein gegebenes, ohne die Seite des neuen Quadrates zu berechnen.

22. Die größere Parallele eines gleichschenkligen Trapezes mißt $a = 36$ cm, die Höhe 7,2 cm. Die Schenkel sind um 45° gegen a geneigt. Berechne die Parallele b, den Inhalt J, die Schenkel s (21,6 cm, 2,07 dm², 10,18 cm).

23. Einem Quadrat von der Diagonale $2h$ werden an allen vier Ecken durch Schnitte parallel zu den Diagonalen vier kongruente rechtwinklige Dreiecke von der Höhe $h:6$ abgeschnitten. Berechne den Inhalt und den Umfang der übrigbleibenden Fläche.

$$J = \frac{17}{9}\,h^2, \qquad u = 5{,}1045\,h.$$

24. In Abb. 90 ist $a = 50$ cm. Der Inhalt der schraffierten Fläche ist 736 cm². Bestimme b und x (8 cm, 5,656 cm).

25. Der Umfang eines gleichschenklig rechtwinkligen Dreiecks ist 19,68 cm. Berechne seine Seiten.

Lösung. Die Kathete sei x, dann ist:

$$x + x + x\sqrt{2} = 19{,}68, \qquad x\,(2 + \sqrt{2}) = 19{,}68.$$

$$x = \frac{19{,}68}{2 + \sqrt{2}} = \frac{19{,}68\,(2 - \sqrt{2})}{(2 + \sqrt{2})\,(2 - \sqrt{2})} = \frac{19{,}68\,(2 - \sqrt{2})}{4 - 2} = \underline{5{,}76}\ \text{cm}.$$

Die Hypotenuse ist $\underline{8{.}14}$ cm.

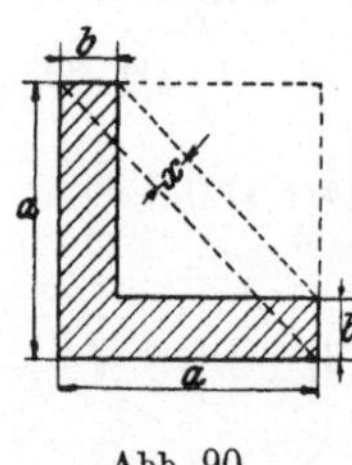

Abb. 90.

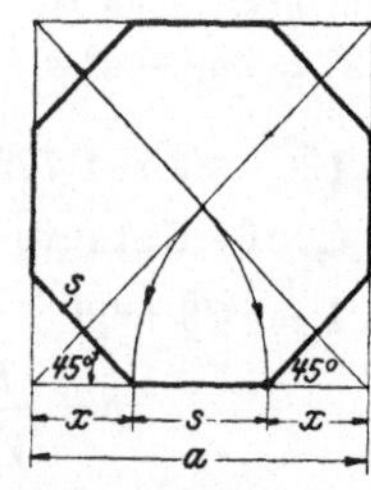

Abb. 91.

26. Einem Quadrat wird ein regelmäßiges Achteck einbeschrieben (Abb. 91). Berechne seine Seite s aus der Quadratseite a, sowie den Inhalt aus a und s.

Es ist:
$$a = 2x + s, \qquad x = \frac{s}{2}\sqrt{2}.$$

Daraus folgt:
$$a = s\,(\sqrt{2} + 1) = 2{,}4142\,s,$$
$$s = a\,(\sqrt{2} - 1) = 0{,}4142\,a,$$

Inhalt:
$$J = a^2 - s^2 = 2\,s^2\,(1 + \sqrt{2}) = 4{,}8284\,s^2 = 2\,s\,a,$$
$$J = 2\,a^2\,(\sqrt{2} - 1) = 0{,}8284\,a^2.$$

Begründe die in der Abbildung gegebene Konstruktion der Achteckseite.

27. Die Hypotenuse eines Dreiecks mit den Winkeln 30° und 60° mißt 40 cm. Wie lang sind die Katheten? (20, 34,64 cm.)

Die große Kathete eines solchen Dreiecks mißt 60 cm; berechne die andere Kathete und die Hypotenuse. (34,64, 69,28 cm.)

28. Das gleichseitige Dreieck. Ist die Seite s, dann ist die Höhe h nach Aufgabe 19 gleich $\frac{s}{2}\sqrt{3}$; somit ist der Inhalt:

$$J = \left(\frac{s}{2}\right)^2 \sqrt{3} = \frac{s^2}{4} \sqrt{3} = 0{,}433\, s^2 \text{ (Dimension!)}$$

Damit kann der Inhalt unmittelbar aus s berechnet werden. Man kann J auch aus h berechnen. Es ist $h^2 = s^2 - \left(\frac{s}{2}\right)^2 = \frac{3}{4} s^2$; somit ist $\frac{h^2}{3} = \frac{s^2}{4}$. Ersetzt man in der Formel $J = \frac{s^2}{4} \sqrt{3}$ den Wert $\frac{s^2}{4}$ durch $\frac{h^2}{3}$, so erhält man:

$$J = \frac{h^2}{3} \sqrt{3} = 0{,}5774\, h^2.$$

29. Berechne aus einer der drei Größen s, h, J eines gleichseitigen Dreiecks die beiden andern.

	1)	2)	3)	4)	5)
$s =$	.426 mm,	238 mm,	1,712	4,716	4,263 m,
$h =$	368 mm,	205 mm,	1,483	4,085	3,692 m,
$J =$	786 cm²,	245 cm²,	1,269	9,631	7,87 m².

30. Die Grundlinie eines gleichschenkligen Dreiecks mit dem Winkel 120° mißt 200 mm. Berechne die Schenkel und den Inhalt. (115,4 mm, 57,7 cm².)

31. Ein Winkel eines Rhombus ist 60°; berechne aus der Seite s die Diagonalen und den Inhalt. (s, $s\sqrt{3}$, $J = 0{,}866\, s^2$).

32. Das regelmäßige Sechseck. Es läßt sich in 6 gleichseitige Dreiecke zerlegen. $s =$ Seite, $d =$ Abstand zweier Gegenseiten. Man prüfe:

$$d = s\sqrt{3}, \qquad J = 2{,}5981\, s^2 = 0{,}8660\, d^2.$$

Berechne aus einer der drei Größen s, d, J die beiden andern.

	1)	2)	3)	4)
$s =$	50 mm,	38,1 mm,	51,96 cm,	18,9 cm,
$d =$	86,6 mm,	66 mm,	90 cm,	32,7 cm,
$J =$	64,95 cm²,	37,72 cm².	70,15 dm²,	924,9 cm².

33. Zeichne zwei konzentrische regelmäßige Sechsecke mit entsprechend parallelen Seiten. $s =$ Seite des größeren Sechsecks. $a =$ Abstand zweier entsprechender Seiten der beiden Sechsecke. Berechne den Inhalt der Fläche zwischen beiden Sechsecken aus s und a. Es wird

$$J = 6\,a\left(s - \frac{a}{3}\sqrt{3}\right) = 2\,a\,(3\,s - a\sqrt{3}).$$

Für $s = 8$ cm, $a = 2$ cm wird $J = 82{,}14$ cm²,
„ $s = 20$ „, $a = 4$ „ „ $J = 424{,}6$ „ .

34. Wähle auf einem Blatt Millimeterpapier den Anfangspunkt O eines Koordinatensystems in der Ecke links unten. Zeichne den Punkt P mit den Koordinaten $x = 15$, $y = 15\sqrt{2} = 21{,}21$ cm und ziehe die Gerade OP. Die Ordinate y eines beliebigen andern Punktes dieser Geraden gibt die Maßzahl für die Diagonale eines Quadrates, dessen Seite die zugehörige Abszisse mißt. Man entnehme der Abbildung die Längen der Diagonalen, die zu den Seiten 5, 9,3, 11 cm gehören und prüfe die Ablesung durch die Rechnung. Welche Seite gehört nach der Abbildung zu den Diagonalen 10, 8,4, 16,4 cm?

Zeichne auf dem gleichen Blatt einen Punkt R mit den Koordinaten $x = 15$, $y = \dfrac{15}{2}\sqrt{3} = 12{,}99$ cm und ziehe OR. Die Koordinaten eines beliebigen Punktes auf OR liefern die Maßzahlen für die Seite und die Höhe eines gleichseitigen Dreiecks.

Zeichne die Punkte, die sich aus $y = \dfrac{x^2}{4}\sqrt{3}$ für $x = 1, 2, 3 \ldots$ cm ergeben und verbinde die Punkte durch eine Kurve. Warum liegen wohl die Punkte nicht in einer geraden Linie? Welcher Dreiecksinhalt gehört nach der Kurve zu einer Seite $x = 7{,}2$ cm?

35. Ziehe in den Endpunkten eines Kreisdurchmessers zwei Tangenten und schneide diese mit einer beliebigen dritten Tangente. Beweise: das Produkt der Abschnitte (a, b) auf den Parallelen hat einen konstanten Wert. $(ab = r^2.)$ — Beweise: Zieht man an einem Kreis zwei Paare paralleler Tangenten, so umschließen sie einen Rhombus.

36. g und l seien zwei in O sich unter rechtem Winkel schneidende Gerade. Durch O gehen zwei Kreise mit den Radien R und r; ihre Mittelpunkte liegen auf g und l. Berechne die Länge der gemeinsamen Sehne OP. $(2\,Rr : \sqrt{R^2 + r^2})$

37. A, B, C seien die Ecken eines gleichseitigen Dreiecks mit der Seite s. Schlage um A einen Kreisbogen durch B und C und berechne den Radius x des Kreises, der die Seiten AB, AC und den Kreisbogen BC berührt $(x = s : 3)$.

Schlage auch um B und C Kreisbogen durch A und C bzw. A und B und berechne den Radius x des Kreises, der alle drei Kreisbogen berührt,

$$x = \frac{s}{3}(3 - \sqrt{3}).$$

38. Berechne aus dem Radius r eines Kreises 1. die Seite des einbeschriebenen Quadrates, 2. des einbeschriebenen, 3. des umbeschriebenen gleichseitigen Dreiecks $(r\sqrt{2},\ r\sqrt{3},\ 2r\sqrt{3})$.

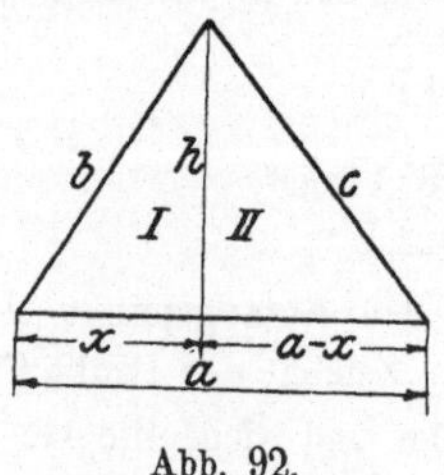

Abb. 92.

39. Es ist der Inhalt eines beliebigen Dreiecks aus den drei Seiten zu berechnen (Abb. 92).

Der Inhalt ist:

$$J = \frac{a}{2} \cdot h. \tag{1}$$

h ist unbekannt. Nach der Abbildung ist:

$$h^2 = b^2 - x^2, \qquad \text{(Dreieck I),} \tag{2}$$
$$h^2 = c^2 - (a - x)^2, \qquad (\quad \text{,,} \quad \text{II).} \tag{3}$$

(2) und (3) sind zwei Gleichungen mit den zwei Unbekannten h und x; wir können daher h und x aus ihnen berechnen. Zuerst bestimmen wir x. Aus (2) und (3) folgt:

$$b^2 - x^2 = c^2 - (a - x)^2,$$
$$b^2 - x^2 = c^2 - a^2 + 2ax - x^2$$

und hieraus:

$$x = \frac{a^2 + b^2 - c^2}{2a}. \tag{4}$$

Setzt man diesen Wert in (2) ein, dann kennt man h und damit nach (1) auch J.

Wir führen die angedeutete Rechnung im einzelnen durch und benutzen, um das Resultat in einfacher Form angeben zu können, einige übliche Abkürzungen. Zunächst schreiben wir (2) in der Form:

$$h^2 = (b + x)(b - x).$$

Setzt man (4) hier ein, so erhält man:

$$h^2 = \left(b + \frac{a^2 + b^2 - c^2}{2a}\right)\left(b - \frac{a^2 + b^2 - c^2}{2a}\right)$$
$$= \frac{2ab + a^2 + b^2 - c^2}{2a} \cdot \frac{2ab - a^2 - b^2 + c^2}{2a}$$
$$= \frac{[(a + b)^2 - c^2]\,[c^2 - (a - b)^2]}{4a^2}.$$

Jeder Faktor im Zähler ist die Differenz zweier Quadrate, also ein Ausdruck von der Form $u^2 - v^2$. Nun ist aber $u^2 - v^2 = (u + v) \cdot (u - v)$. Daher ist:

$$h^2 = \frac{(a + b + c)(a + b - c)(c + a - b)(c - a + b)}{4a^2}. \tag{5}$$

Wir setzen: $\qquad\qquad a + b + c = 2s. \tag{6}$

Subtrahieren wir von beiden Seiten $2a$, dann erhalten wir:

$$-a + b + c = 2s - 2a = 2(s - a). \tag{7}$$

Subtrahiert man von beiden Seiten der Gleichung (6) $2b$ oder $2c$, dann erhält man in ähnlicher Weise:

$$a - b + c = 2(s - b),$$
$$a + b - c = 2(s - c). \tag{8}$$

Diese Werte (6), (7) und (8) setzen wir im Zähler von (5) ein und erhalten:

$$h^2 = \frac{2s \cdot 2(s - a)\,2(s - b)\,2(s - c)}{4a^2} = \frac{4}{a^2}s(s - a)(s - b)(s - c).$$

Somit ist: $\qquad\qquad h = \frac{2}{a}\sqrt{s(s - a)(s - b)(s - c)}.$

Schließlich setzen wir diesen Wert in (1) ein:

$$J = \frac{a}{2} \cdot \frac{2}{a}\sqrt{s(s - a)(s - b)(s - c)},$$

oder $\qquad\qquad J = \sqrt{s(s - a)(s - b)(s - c)} \qquad \begin{smallmatrix}(s\,=\,\text{halber Umfang}\\ \text{des Dreiecks}).\end{smallmatrix}$

Prüfe die Formel auf ihre Dimension. Die Formel stammt von Heron von Alexandria (erstes Jahrhundert vor Christus), weshalb sie auch den Namen Heronsche Formel führt. Über die geometrische Bedeutung der

Ausdrücke $s - a$, $s - b$, $s - c$ siehe Aufgabe 22, § 2. Siehe auch Aufgabe 16, § 7. Ist der Inhalt eines Dreiecks bekannt, so kann man, wenn die Seiten gegeben sind, auch die drei Höhen h_a, h_b, h_c berechnen. Zahlenbeispiele liefert die folgende Tabelle:

	a	b	c	J	h_a	h_b	h_c
1.	68	75	77	2310	67,94	61,6	60
2.	13	14	15	84	12,92	12	11,2
3.	14,5	2,5	15	18	2,48	14,4	2,4
4.	6	7	9	20,976	6,99	5,99	4,66

Leite aus der Heronschen Formel die Inhaltsformeln für das gleichseitige, gleichschenklige und rechtwinklige Dreieck ab.

40. Die mittlere Proportionale oder das geometrische Mittel. Man versteht unter der mittleren Proportionalen oder dem geometrischen Mittel zweier Zahlen a und b die Quadratwurzel aus dem Produkte der beiden Zahlen, also den Ausdruck:

$$x = \sqrt{ab}.$$

Unter dem arithmetischen Mittel versteht man die Summe zweier (oder mehrerer) Zahlen dividiert durch ihre Anzahl, also für zwei Zahlen a und b

$$y = \frac{a + b}{2}.$$

So ist für $a = 5$, $b = 11$, $x = 7{,}416$ und $y = 8$.

Werden die Größen a und b durch Strecken dargestellt, so kann man x und y leicht konstruieren. Die Konstruktion von y ist ohne weiteres verständlich. Zur Konstruktion des geometrischen Mittels kann man jeden Satz der Geometrie benutzen, der aussagt, daß ein gewisses Rechteck einem Quadrate inhaltsgleich ist, so z. B. die Sätze 2 und 4 in § 8. Denn sind a und b die Rechtecksseiten und ist x die Seite des Quadrates, dann ist $x^2 = ab$, also $x = \sqrt{ab}$.

Die Abb. 93 und 94 zeigen die Konstruktion einer Strecke von der Länge $\sqrt{ab}$, wenn a und b gegeben sind.

Abb. 93 stützt sich auf Satz 2, Abb. 94 auf Satz 4 in § 8. Die gestrichelten Linien sind zur Konstruktion nicht erforderlich.

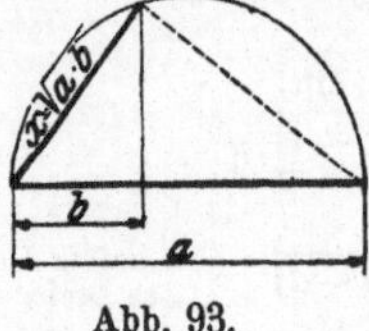

Abb. 93.

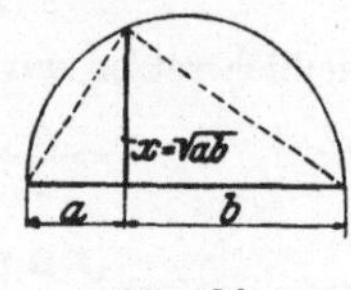

Abb. 94.

Mit Hilfe dieser Abbildungen kann man auf rein zeichnerischem Wege die Quadratwurzel aus einer Zahl auf einige Stellen genau bestimmen. Soll z. B. $\sqrt{14}$ konstruiert werden, so macht man in den Figuren $a = 7$, $b = 2$ cm, dann wird $x = \sqrt{14}$.

Unter Benutzung des Ausdrucks „mittlere Proportionale" kann man den Sätzen 2 und 4 in § 8 eine andere Fassung geben. So lautet Satz 4: Die Höhe eines rechtwinkligen Dreiecks ist die mittlere Proportionale zu den beiden Hypotenusenabschnitten. Ähnlich formuliert man Satz 2. Warum ist $\sqrt{ab} < \dfrac{a+b}{2}$?

41. Einige Verwandlungsaufgaben, die sich auf die Sätze 2, 3 und 4, § 8 stützen. Ein Quadrat zu zeichnen:

α) das den gleichen Inhalt hat wie ein Rechteck mit den Seiten a und b (Sätze 2 und 4 in § 8),

β) das gleich ist dem 3., 4., 5. . . . Teil eines gegebenen Quadrates (Sätze 2 und 4),

γ) das gleich ist der Summe dreier Quadrate mit den Seiten a, b, c (Satz 3),

δ) das gleich ist der Differenz zweier Quadrate mit den Seiten a und b (Satz 3).

In allen diesen Aufgaben ließe sich natürlich die Seite des gesuchten Quadrates auch unmittelbar aus a, b (c) berechnen und nachher konstruieren.

Es seien a, b, c beliebige gegebene Strecken. Konstruiere (und prüfe nachträglich durch die Rechnung) die Ausdrücke $a\sqrt{2}$, $a\sqrt{3}$, $\sqrt{a^2+b^2}$, $\sqrt{a^2-b^2}$, $\sqrt{a^2+b^2+c^2}$, $\sqrt{ab}$, $\sqrt{a\cdot\dfrac{a}{3}}$, $\sqrt{3a^2+2b^2}$.

§ 10. Der Kreis.

Der Umfang des Kreises.

Der Umfang des Kreises. Wir denken uns in und um einen Kreis der Reihe nach ein regelmäßiges 3-, 6-, 12- . . . Eck gezeichnet. Die Umfänge der einbeschriebenen bzw. umbeschriebenen Vielecke seien u_3, u_6, u_{12} . . . bzw. U_3, U_6, U_{12} . . . Man wird an einer Figur leicht erkennen, daß

$$u_3 < u_6 < u_{12} < \ldots < \text{ als der Umfang des Kreises}$$
und $U_3 > U_6 > U_{12} > \ldots >$ „   „   „   „   „   ist.

Mit wachsender Seitenzahl drängen sich die Vielecke sowohl von außen als von innen immer näher an die Kreislinie heran. Der Umfang des Kreises ist der Grenzwert, dem sowohl die Umfänge der einbeschriebenen, als auch die der umbeschriebenen Vielecke zustreben. Der Kreis erscheint als ein Vieleck mit unendlich vielen aber unendlich kleinen Seiten. Indem man die Umfänge der ein- und umbeschriebenen Vielecke für immer größere und größere Seitenzahlen berechnet, wird man auch dem Umfange des Kreises immer näher rücken. Schon im 3. Jahrhundert v. Chr. hat Archimedes von Syrakus mit Hilfe des einem Kreise ein- und umbeschriebenen 96-Ecks gefunden, das der Umfang des Kreises etwas kleiner sei als das $3\,{}^{1}/_{7}$ fache und etwas größer als das $3\,{}^{10}/_{71}$ fache des Durchmessers $(3\,{}^{1}/_{7} = 3{,}1428;\; 3\,{}^{10}/_{71} = 3{,}1408)$. Man bezeichnet die Zahl, mit der man den Durchmesser eines Kreises multiplizieren muß, seit ungefähr 200 Jahren allgemein mit dem griechischen Buchstaben π (Pi). Genaue Untersuchungen haben ergeben, daß π ein unendlicher, nicht periodischer Dezimalbruch ist, dessen erste Stellen lauten: 3,14159 ... Für die Rechnungen begnügt man sich mit den ersten Stellen von π. Wir benutzen in Zukunft immer den Wert

$$\pi = 3{,}1416 \tag{1}$$

in Verbindung mit den abgekürzten Rechenoperationen.

Der Umfang eines Kreises wird somit gefunden, indem man den Durchmesser mit π multipliziert.

Bezeichnet u den Umfang, d den Durchmesser, r den Radius, so ist

$$u = d\pi = 2r\pi, \tag{2}$$

π ist als Verhältnis vom Umfang zum Durchmesser eine reine Zahl.

Der Inhalt des Kreises.

Der Inhalt des Kreises. Die Inhalte der einem Kreise umbeschriebenen regelmäßigen 3-, 6-, 12- ... Ecke sind nach § 6 (Tangentenvieleck) der Reihe nach gegeben durch $J_3 = U_3 \cdot \dfrac{r}{2}$; $J_6 = U_6 \cdot \dfrac{r}{2}$; $J_{12} = U_{12} \cdot \dfrac{r}{2}$ usw. Die Inhalte der Vielecke nähern sich mit wachsender Seitenzahl unbegrenzt dem Inhalte des Kreises, während ihre Umfänge sich dem Kreisumfange nähern. Für den Inhalt des Kreises ergibt sich so die Formel

$$J = u \cdot \frac{r}{2} = \frac{\textbf{Umfang} \times \textbf{Radius}}{2}. \tag{3}$$

Nach (2) ist $u = 2r\pi$, also $J = 2r\pi \cdot \dfrac{r}{2} = r^2\pi$, oder auch, da $r = \dfrac{d}{2}$ ist:

$$J = r^2\pi = \frac{d^2}{4} \cdot \pi. \tag{4}$$

Der Inhalt eines Kreises wird somit gefunden, indem man das Quadrat des Radius mit π multipliziert.

Man beachte die Dimension der Formeln 2 und 4.

Umfang (eine Linie) = Durchmesser (eine Linie) $\times \pi$.

Inhalt (Fläche) = Quadrat des Radius (Fläche) $\times \pi$ (Abb. 95).

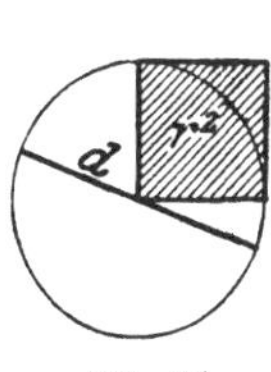

Abb. 95.

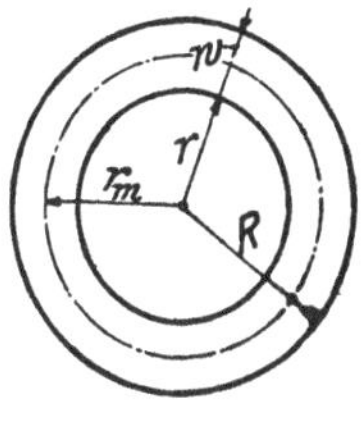

Abb. 96.

Der Kreisring.

Der Kreisring (Abb. 96). Seine Fläche ist die Differenz zweier Kreisflächen. Daher ist:

$$J = R^2\pi - r^2\pi = \pi(R^2 - r^2) = \pi(R + r)(R - r)$$

$$= 2\pi \cdot \frac{R + r}{2} \cdot (R - r).$$

Nun ist $R - r = w = $ Wandstärke.

$$\frac{R + r}{2} = r_m = \text{Radius des mittleren Kreises.}$$

Daher ist . $\qquad J = 2\pi r_m \cdot w;$

$$2\pi r_m = \text{Umfang des mittleren Kreises} = u_m.$$

$$\boldsymbol{J = u_m \cdot w}$$

= Umfang des mittleren Kreises $\times$ Wandstärke,

oder auch $\qquad \boldsymbol{J = \pi(R^2 - r^2) = \frac{\pi}{4}(D^2 - d^2)}$ $\qquad$ (5)

$u_m = \dfrac{U + u}{2}$. Inwiefern erinnert die Formel $J = u_m \cdot w$ an die Inhaltsformel eines Trapezes?

Der Kreisbogen. Das Bogenmaß eines Winkels.

Der Kreisbogen. Das Bogenmaß eines Winkels (Abb. 97). Umfang des ganzen Kreises $= 2r\pi$. Einem Zentriwinkel von 1° entspricht daher eine Bogenlänge $\dfrac{2r\pi}{360^{\circ}} = \dfrac{r\pi}{180^{\circ}}$. Ist der Zentriwinkel nicht 1°, sondern α°, dann ist das entsprechende Bogen-stück b das α-fache von $\dfrac{\pi r}{180^\circ}$; es ist also:

$$\textbf{Bogenlänge } b = \frac{r\pi}{180^\circ} \cdot \alpha^\circ, \tag{6}$$

dividiert man Gleichung (6) durch r, so erhält man:

$$\frac{b}{r} = \frac{\pi}{180^\circ} \cdot \alpha^\circ. \tag{7}$$

Diesen Quotienten: Bogen durch Radius nennt man das Bogenmaß eines Winkels α°. Als Quotient zweier Längen ist das Bogenmaß eine reine Zahl, die sich aber bequem geo-metrisch veranschaulichen läßt (Abb. 97). Man denke sich um den Scheitel eines Winkels einen Kreis mit dem Radius 1, der Längeneinhel, geschlagen. Zum Winkel α gehört auf diesem Einheitskreis nach (6) ein Bogenstück von der Länge $\dfrac{1 \cdot \pi \cdot \alpha^\circ}{180^\circ} = \dfrac{\pi}{180^\circ} \cdot \alpha^\circ$: das ist aber der Ausdruck (7). Das Bogenmaß eines Winkels stimmt also genau mit der Maßzahl des zwischen seinen

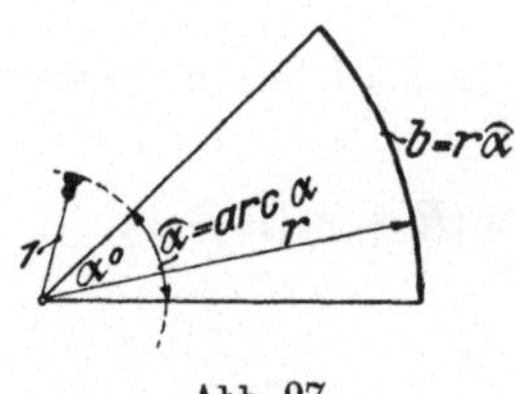

Abb. 97.

Schenkeln liegenden Bogens im Einheitskreis überein. Die reine Zahl, das Bogenmaß des Winkels, wird durch die Länge des Bogens geometrisch dargestellt; der Bogen ist der sichtbare Träger der reinen Zahl. Man bezeichnet das Bogenmaß eines Winkels von α° mit $\widehat{a}$ oder mit arc α° (gelesen: Arkus α; arcus heißt Bogen). Es ist demnach:

$$\frac{\textbf{Bogen}}{\textbf{Radius}} = \frac{b}{r} = \frac{\pi}{180}\,\alpha^\circ = \widehat{a} = \text{arc } \alpha^\circ \tag{8}$$
$$= \textbf{Bogenmaß des Winkels } \alpha^\circ.$$

Wir besitzen von jetzt an zweierlei Maß zum Messen eines Winkels: das Gradmaß (§ 1) und das Bogenmaß.

Die folgenden Beziehungen sind leicht zu merken:

Dem Gradmaß 360° entspricht das Bogenmaß 2π,

„ „ 180° „ „ „ π,

„ „ 90° „ „ „ $\dfrac{\pi}{2}$,

„ „ 60° „ „ „ $\dfrac{\pi}{3}$ usw.

Ganz allgemein steht das Bogenmaß mit dem Gradmaß nach (8) in der Beziehung:

$$\widehat{\alpha} = \frac{\pi}{180^\circ} \cdot \alpha^\circ,$$

Daher ist:

$$\alpha^\circ = \frac{180^\circ}{\pi} \cdot \widehat{\alpha}. \tag{9}$$

Die Umwandlung des einen Maßes in das andere geschieht also durch Multiplikation mit den Brüchen $\dfrac{\pi}{180}$ und $\dfrac{180}{\pi}$. Für den letzten Wert ist auch die Bezeichnung ϱ° gebräuchlich, z. B. auf Rechenschiebern. Durch Ausrechnen findet man:

$$\frac{\pi}{180^\circ} = 0{,}017\,45,$$

$$\frac{180^\circ}{\pi} = 57{,}2958^\circ = \varrho^\circ. \tag{10}$$

Es ist z. B.: $\operatorname{arc} 66^\circ = \dfrac{\pi}{180^\circ} \cdot 66^\circ = 1{,}1519.$

Am einfachsten gestalten sich die Umrechnungen mit Hilfe der **Tabellen** I und II am Schlusse des Buches. Tabelle I enthält unter der Überschrift „Bogenlänge" das Bogenmaß des links davon stehenden Gradmaßes $(1^\circ - 180^\circ)$; Tabelle II enthält die Werte für die Minuten und Sekunden. Man beachte:

$$\operatorname{arc} 2^\circ = 2 \cdot \operatorname{arc} 1^\circ = 2 \cdot 0{,}017\,45 = 0{,}0349,$$

$$\operatorname{arc} 1' = \frac{1}{60} \operatorname{arc} 1^\circ = 0{,}00029.$$

Beispiele.

$\alpha^\circ = 26^\circ 24'; \quad \widehat{\alpha} = ?$

arc $26^\circ = 0{,}4538$

arc $24' = 0{,}0070$

$\widehat{\alpha} = 0{,}4608$

$\widehat{\alpha} = 1{,}1456; \qquad \alpha^\circ = ?$

Es ist $\qquad\qquad\qquad \widehat{\alpha} = 1{,}1456$

(Nach der Tabelle) arc $65^\circ = 1{,}1345$

$\text{Rest} = 0{,}0111$

(Nach der Tabelle) arc $38' = 0{,}0111$

$\text{Rest} \qquad 0$

also ist $\qquad\qquad\qquad \alpha = 65^\circ 38'.$

Man rechne auch beide Beispiele nach (9).

Nach diesen Bemerkungen kehren wir zur Formel (6) zurück. Es war:

$$b = \frac{r\pi}{180^\circ} \alpha^\circ = r \cdot \frac{\pi}{180^\circ} \alpha^\circ.$$

Nach (9) ist $\dfrac{\pi}{180^\circ} \alpha^\circ = \widehat{\alpha}$, somit ist:

$$\boldsymbol{b = r\,\widehat{\alpha},} \tag{11}$$

d. h.: **Der Bogen, der in einem beliebigen Kreise zum Zentriwinkel $\alpha°$ gehört, wird aus dem entsprechenden Bogen im Einheitskreis einfach durch Multiplikation mit dem Radius r gefunden** (Abb. 97).

Der Kreisausschnitt oder Sektor.

Der Kreisausschnitt oder Sektor (Abb. 97). Inhalt des ganzen Kreises $= r^2\pi$; daher hat ein Sektor von $1°$ Zentriwinkel den Inhalt $\dfrac{r^2\pi}{360}$; mißt der Zentriwinkel nicht $1°$, sondern $\alpha°$, so ist der Inhalt der Sektorfläche gegeben durch:

$$J = \frac{r^2\pi}{360°}\, \alpha°. \tag{12}$$

Formel (12) kann auch so geschrieben werden:

$$J = \frac{r\pi}{180}\, \alpha° \cdot \frac{r}{2}$$

oder, da

$$\frac{r\pi}{180}\, \alpha° = b,$$

ist

$$J = \frac{br}{2} = \frac{\textbf{Bogen} \times \textbf{Radius}}{2}. \tag{13}$$

Beachte die Ähnlichkeit dieser Formel mit der Inhaltsformel eines Dreiecks $\left(J = \dfrac{gh}{2}\right)$.

Nach (11) ist $b = r\widehat{\alpha}$, daher ist der Inhalt des Sektors auch gegeben durch:

$$J = \frac{br}{2} = \frac{r\widehat{\alpha} \cdot r}{2} = \frac{r^2}{2} \cdot \widehat{\alpha}$$

oder

$$J = r^2 \cdot \frac{\widehat{\alpha}}{2}. \tag{14}$$

Ist $r = 1$ und bezeichnen wir die Maßzahl für den Inhalt des entsprechenden Sektors im Einheitskreis mit J_1, dann ist:

$$J_1 = 1^2 \cdot \frac{\widehat{\alpha}}{2} = \frac{\widehat{\alpha}}{2},$$

und daher ist nach (14)

$$J = r^2 \cdot J_1,$$

d. h.: **Der Inhalt eines beliebigen Sektors ist das r^2-fache vom Inhalt des entsprechenden Sektors im Einheitskreis. Das halbe Bogenmaß eines Winkels ist zugleich die Maßzahl für die entsprechende Sektorfläche im Einheitskreis.**

Der Kreisringsektor.

Der Kreisringsektor (Abb. 98) ist die Differenz zweier Sektoren:

$$J = \frac{R^2 \pi}{360}\,\alpha^\circ - \frac{r^2 \pi}{360}\,\alpha^\circ = \frac{\pi \alpha^\circ}{360^\circ}(R^2 - r^2)$$

$$= \frac{\pi \alpha}{360}(R + r)(R - r) = \frac{\pi \alpha}{180} \cdot \frac{R + r}{2} \cdot (R - r).$$

$$R - r = w = \text{Wandstärke;} \qquad \frac{R + r}{2} = r_m = \text{mittlerer Radius;}$$

$$\frac{\pi \alpha}{180} \cdot r_m = b_m = \text{mittlerer Bogen.}$$

Daher ist:
$$\boldsymbol{J = b_m \cdot w}$$
$$= \text{mittlerer Bogen} \times \text{Wandstärke.} \tag{15}$$

Beachte die Ähnlichkeit dieser Formel mit der Inhaltsformel eines Trapezes.

Ist B der längere, b der kürzere Bogen, dann ist:

$$b_m = \frac{B + b}{2}\,.$$

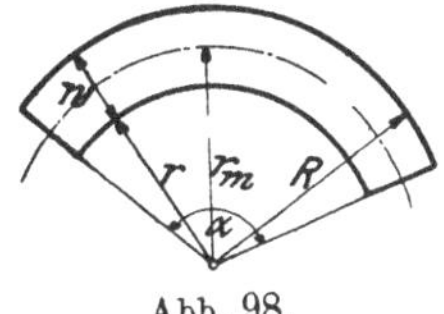

Abb. 98.

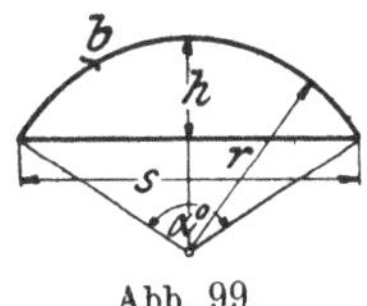

Abb. 99.

Der Kreisabschnitt oder das Kreissegment.

Der Kreisabschnitt oder das Kreissegment (Abb. 99). Subtrahiert man vom Sektor mit dem Zentriwinkel α°, das Dreieck mit den Seiten r, r, s, so erhält man das Segment. Sein Inhalt ist daher gegeben durch:

$$J = \frac{b r}{2} - \frac{s(r - h)}{2}\,. \tag{16}$$

In den meisten Fällen ist entweder nur r und α oder s und h bekannt und die übrigen Größen müssen berechnet werden. Man kommt aber dabei auf Aufgaben, die mit den einfachen Mitteln der Planimetrie nicht lösbar sind.

Wir geben im folgenden zwei Näherungsformeln, mit denen man den Inhalt eines flachen Kreissegments ziemlich genau bestimmen kann.

Die Fläche eines flachen Kreissegments ist angenähert ($\sim$) gleich zwei Dritteln des Rechtecks, das aus der Sehne s und der Pfeilhöhe h gebildet werden kann (Abb. 100).

$$J = \sim \frac{2}{3} s h. \tag{17}$$

Solange der Zentriwinkel α kleiner ist als ungefähr 50° oder, was damit gleichbedeutend ist, solange h kleiner ist als $\frac{1}{9} s$ oder $\frac{1}{11} r$, erhält

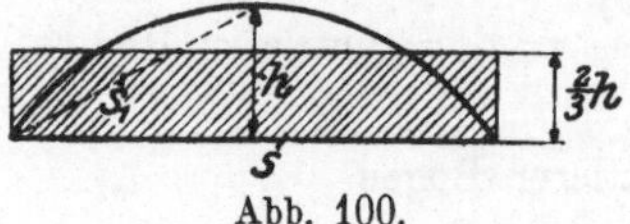

Abb. 100.

man hieraus einen Inhalt, der sich vom richtigen Inhalt um weniger als 1 % unterscheidet. Der nach (17) berechnete Inhalt ist zu klein.

Viel besser ist die folgende Formel:

$$J = \sim \frac{2}{3} s k + \frac{h^2}{2s} = \frac{h}{6s} (4 s^2 + 3 h^2),^1) \tag{18}$$

wie wir an Beispielen in folgenden Paragraphen zeigen werden.

Auch die Bogenlänge b (Abb. 99 und 100) kann aus s und h angenähert bestimmt werden, es ist

$$b = \sim \frac{8 s_1 - s^{1)}}{3}, \tag{19}$$

worin s_1 die Sehne bedeutet, die zum halben Bogen gehört, und die sich aus s und h ja leicht berechnen läßt.

Wir werden in einem späteren Paragraphen zeigen, wie man den Flächeninhalt eines beliebigen Kreissegments aus dem entsprechenden Segment am Einheitskreis berechnen kann.

Wer sich für die Geschichte des Kreises interessiert, der sei auf das kleine Büchlein: „Die Quadratur des Kreises" von E. Beutel, 12. Bändchen der „mathematischen Bibliothek" hingewiesen. (Verlag Teubner.)

§ 11. Aufgaben über den Kreis.

1. In einem technischen Kalender sind die folgenden Beziehungen zwischen dem Durchmesser d und dem Inhalt J eines Kreises angegeben.

$$d = 1{,}1284 \sqrt{J}, \qquad J = 0{,}7854 \, d^2, \qquad \sqrt{J} = 0{,}8862 \, d.$$

Prüfe die Angaben auf ihre Richtigkeit. — Beweise: Der Umfang u kann aus dem Inhalt J nach $u = \sqrt{4 \pi J}$ berechnet werden.

2. Berechne aus einer der drei Größen d, u, J die beiden andern.

$d =$	1) 30	2) 2,480	3) 37,5	4) 2,467	5) 5,31	6) 0,231 m,
$u =$	94,25	7,791	117,8	7,749	16,68	0,726 m,
$J =$	706,86	4,831	1104,5	4,779	22,14	0,042 m².

Die bei solchen Aufgaben auftretende Division durch π kann durch die Multiplikation mit $1 : \pi = 0{,}3183$ ersetzt werden. Tabellen über Kreisumfänge und Kreisinhalte erleichtern die Arbeit bedeutend.

$^1)$ Nach J. Perry: Angewandte Mechanik, S. 7. (Teubner.)

3. Der Abstand der Mittelpunkte zweier gleich großer Riemenscheiben beträgt 3 m. Die Durchmesser der Scheiben sind 520 mm. Wie lang muß der offene Riemen sein, wenn man für das Zusammennähen 20 cm zugibt? 7,834 m.

4. Ein Leitungsdraht hat einen Querschnitt von 50 mm². Wie groß ist der Durchmesser? 7,98 mm.

5. Ein Drahtseil soll eine Last von 5000 kg tragen. Auf den Quadratzentimeter des Querschnitts ist eine Belastung von 700 kg zulässig. Welchen Durchmesser muß das Seil haben? $\sim$ 31 mm.

6. Über der kürzern obern Seite a eines Rechtecks ist ein Halbkreis angefügt. Die Höhe der ganzen Figur (Rechteck + Halbkreis) sei b. Berechne aus a und b den Umfang u und den Inhalt J der Figur.

Für $a = 1,2$ dm, $b = 5$ dm wird $u = 11,885$ dm, $J = 5,845$ dm²,

„ $a = 8$ cm, $J = 100$ cm² wird $b = 13,38$ cm.

7. Beweise: Die Strecke $AC = x$ in Abb. 101 ist fast genau gleich dem halben Kreisumfang. (Konstruktion von Kochansky, 1685.)[1]

Anleitung: Berechne x aus dem rechtwinkligen Dreieck ABC.

$AB = 2r$, $BC = 3r - BD$, $BD = r : \sqrt{3}$.

Man findet $x = 3{,}14153\,r$ statt $3{,}14159\,r$. Wie groß ist der Fehler für $r = 1$ m?

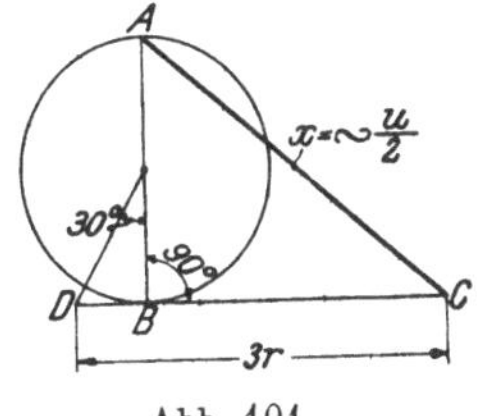

Abb. 101.

8. Zeichne einen Kreis, dessen Fläche gleich ist der Summe zweier Kreise mit den Radien a und b. ($x = \sqrt{a^2 + b^2}$, wenn x der Radius des gesuchten Kreises ist)

9. Man berechne aus zwei der Größen D, d, w, J eines Kreisrings die beiden andern (Abb. 96):

Zu $d = 10$; $D = 14,44$ gehört $w = 2,22$ cm; $J = 85,20$ cm²;

„ $J = 200$ cm²; $w = 5$ cm „ $d = 7,73$ cm; $D = 17,73$ cm.

Beweise: Die Fläche eines Kreisrings ist gleich $\frac{\pi}{4} \cdot s^2$, wenn s die Länge der Sehne im größern Kreis ist, die den kleinern Kreis berührt.

10. Zeichne zwei Kreise mit verschiedenen Mittelpunkten M_1, M_2, so daß der eine Kreis ganz im Innern des andern liegt. (Exzentrische Kreise.) Ziehe durch $M_1 M_2$ eine Sekante g. Auf g liegen der kleinste und der größte Peripherieabstand b und a der beiden Kreislinien ($a > b$). Berechne aus a und b die Entfernung $e = M_1 M_2$, die Exzentrizität der beiden Kreise. Es wird $e = 0,5\ (a - b)$.

11. Beweise: Bei allen Kreisringen von der gleichen Wandstärke unterscheiden sich die Umfänge der beiden Kreise um den gleichen Betrag.

---

[1] Die Berechnung der Länge einer Kurve nennt man auch Rektifikation der Kurve.

12. Berechne den Inhalt der beiden Abb. 102 und 103. Die Maße sind Millimeter (25,03 cm², 988 cm²).

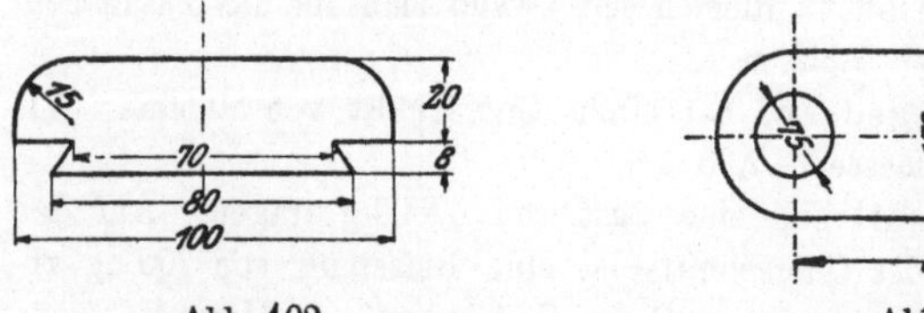

Abb. 102.   Abb. 103.

13. Beweise: Ein Viertelkreis um die Ecke eines Quadrates durch die beiden benachbarten Ecken zerlegt das Quadrat in zwei Teile, deren Inhalte sich nahezu wie $3:11$ verhalten ($\pi = 22:7$).

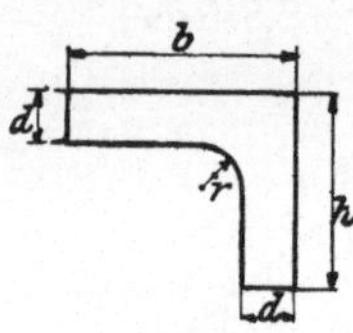

Abb. 104.

14. Der Inhalt der Abb. 104 ist zu berechnen für $h=10$, $b=8$, $d=1$, $r=4$ cm ($J=20,43$ cm²); für $h=12$, $b=20$, $d=2$ cm und $J=68$ cm² wird $r=6,1$ cm.

15. Ein Zahnrad soll 80 Zähne erhalten; die „Teilung t", das ist der Abstand von Zahnmitte zu Zahnmitte auf dem Bogen des Teilkreises gemessen, betrage 11 mm. Bestimme den Durchmesser des Teilkreises ($d=280$ mm).

16. Die Teilung t wählt man gewöhnlich als ein bequemes Vielfaches von π. So ist in dem vorhergehenden Beispiel $11 = 3\frac{1}{2} \cdot \pi$. Den Faktor vor π, hier $3\frac{1}{2}$, nennt man den „Modul" der Zahnteilung. Es bezeichne M den Modul, t die Teilung, z die Zähnezahl, d den Durchmesser des Teilkreises, dann ist $t = M \cdot \pi$.

Umfang $= d\pi = t \cdot z = M \cdot \pi \cdot z$; aus dieser Gleichung folgt
$$d = M \cdot z,$$
d. h. **Durchmesser des Teilkreises = Modul $\times$ Zähnezahl.** Die Zähnezahl eines Zahnrades ist 60, der Modul $2\frac{1}{2}$. Wie groß ist die Teilung t und wie groß der Durchmesser des Teilkreises?
$$t = 7,854 \text{ mm}, \qquad d = 150 \text{ mm}.$$
Wieviel Zähne erhält ein Rad bei 26 cm Teilkreisdurchmesser und 7,85 mm Teilung? $z = 104$, $M = 2\frac{1}{2}$.

Weitere Beispiele:

	1)	2)	3)	4)
$t =$	6,28	25,13	34,56	18,85 mm,
$z =$	88	70	84	100
$d =$	176	560	924	600 mm.

17. Eine Welle drehe sich mit gleichförmiger Geschwindigkeit um ihre Achse. Ein Punkt des Umfangs legt bei einer Umdrehung den Weg $2\pi r$, bei n Umdrehungen in der Minute den Weg $n \cdot 2\pi r$ zurück. Somit ist der von einem Punkte am Umfange der Welle in einer Sekunde zurückgelegte Weg, d. h. die Umfangsgeschwindigkeit v:

$$v = \frac{n \cdot 2\pi r}{60} = \frac{\pi r n}{30}. \tag{1}$$

Der von einem beliebigen, aber fest gewählten Radius pro Sekunde überstrichene Bogen auf einem Kreise mit dem Radius 1 heißt die Winkelgeschwindigkeit ω (lies: Omega). Es ist somit

$$\omega = \frac{\pi n}{30}. \tag{2}$$

Aus (1) und (2) folgt

$$v = r \cdot \omega.$$

Eine Welle macht 200 Touren pro Minute; wie groß ist ihre Umfangs- und Winkelgeschwindigkeit bei einem Durchmesser von 24 cm? $v = 2{,}51$ m/sec. $\omega = 20{,}94$ pro Sekunde.

Wie viele Touren müßte eine Welle von 15 cm Durchmesser pro Minute ausführen, um eine Umfangsgeschwindigkeit von 10 m/sec. zu besitzen? 1273.′

18. Die in Abb. 105 gezeichnete Kurve setzt sich aus zwei Kreisbogen zusammen. Berechne ihre Länge l aus r, R, α, β. ($l = r\,\overset{\frown}{\alpha} + R \cdot \overset{\frown}{\beta}$). Für $r = 20$ cm; $\alpha = 75°$; $R = 32$ cm; $\beta = 82°$ wird $l = 71{,}98$ cm. Für $r = 53$ cm; $\alpha = 22°$; $R = 104$ cm; $\beta = 110°$ wird $l = 220$ cm.

19. Eine Halbkreisfläche wird durch einen Radius, der mit dem Durchmesser einen Winkel von 60° einschließt, in zwei Sektoren zerlegt. Beweise, daß der Bogen des größeren Sektors gleich ist dem Umfange des Kreises, der dem kleineren Sektor ein-

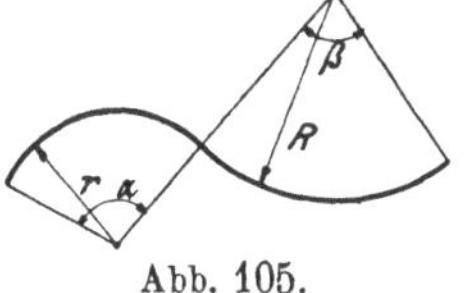

Abb. 105.

beschrieben werden kann.

20. MA und MB seien zwei Radien eines Kreises, die einen spitzen Winkel miteinander einschließen. C sei der Mittelpunkt von MB. Schlage um C einen Kreis durch M und B und beweise, daß die zwischen den Radien MA und MB liegenden Bogenstücke der beiden Kreise die gleiche Länge haben.

21. Um wieviel ist der äußere Bogen B eines Kreisringausschnittes länger als der innere Bogen b? Ist α der Zentriwinkel, w die Wandstärke, dann ist $B - b = w\,\overset{\frown}{\alpha}$. Wie verändert sich das Resultat für verschiedene Figuren, aber gleichem w und α? Konstruiere einen Bogen von der Länge $w\,\overset{\frown}{\alpha}$.

22. Zu den folgenden Winkeln α^0 soll das darunter stehende Bogenmaß $\overset{\frown}{\alpha}$ mit Hilfe der Tabelle berechnet werden.

$\alpha^0 =$	1) 28° 24′	2) 70° 51′	3) 143° 18′	4) 208° 35′
$\overset{\frown}{\alpha} =$	0,4957	1,2365	2,5010	3,6405

23. Bestimme mit Hilfe der Tabelle das zu dem Bogenmaß $\overset{\frown}{\alpha}$ gehörige Gradmaß α^0 der Winkel.

$\overset{\frown}{\alpha} =$	1) 0,5706	2) 0,9918	3) 1,7153	4) 3,9463
$\alpha^0 =$	32° 42′	56° 50′	98° 17′	226° 7′

Führe die Rechnungen auch durch mit Hilfe der Gleichungen (9) und (10) in § 10.

24. Graphische Darstellung des Zusammenhangs zwischen Gradmaß und Bogenmaß.

Man zeichne auf einem Bogen Millimeterpapier ein Koordinatenkreuz nach Art der Abb. 106. Als Abszissen trage man das Gradmaß, als zugehörige Ordinaten das Bogenmaß ab. Man wähle die Strecken 0°—10°, 10°—20° usw., je gleich 2 cm, und mache die Strecke 90°—P gleich dem Bogenmaß von 90°, also gleich $\frac{\pi}{2} = 1{,}5708$. Man wählt praktisch die Längeneinheit für die Ordinaten als 10 cm. Es wird also die Strecke 90° P 15,71 cm. Die Ordinate eines beliebigen Punktes auf der Geraden OP liefert das Bogenmaß zu dem Winkel, der durch die zugehörige Abszisse gemessen wird. Mit Hilfe dieser

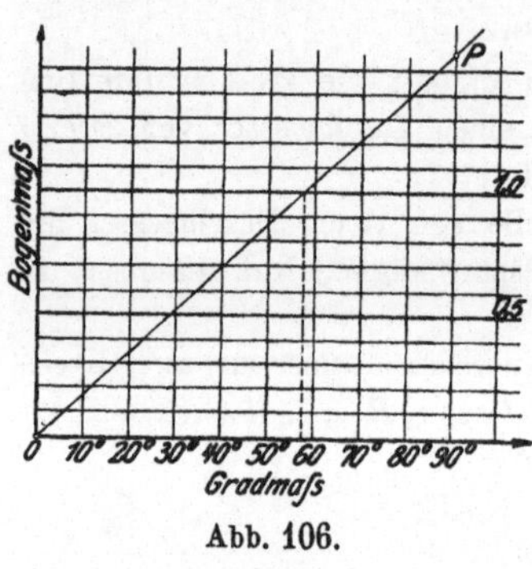

Abb. 106.

einfachen Abbildung kann man zu jedem Winkel von 0° bis 120° von 30 zu 30′ das Bogenmaß auf zwei, meistens auf drei Ziffern genau bestimmen und umgekehrt. Prüfe die beiden ersten Beispiele in 22 und 23 an der Abbildung. Wähle andere Beispiele aus der Tabelle I. Für welchen Winkel ist das Bogenmaß 1? (Siehe die gestrichelte Linie.) Genau für 57° 18′ = 180° : π !

Vgl. auch Abb. 145.

25. Soll ein Kreisbogen AB in eine gleichlange Strecke verwandelt werden (Abb. 107), so teile man die Sehne AB in drei gleiche Teile, ziehe durch den zweiten Teilpunkt C den Radius MD, durch A und D die Sekante, durch B die Parallele BE zu MD, dann ist mit großer Genauigkeit

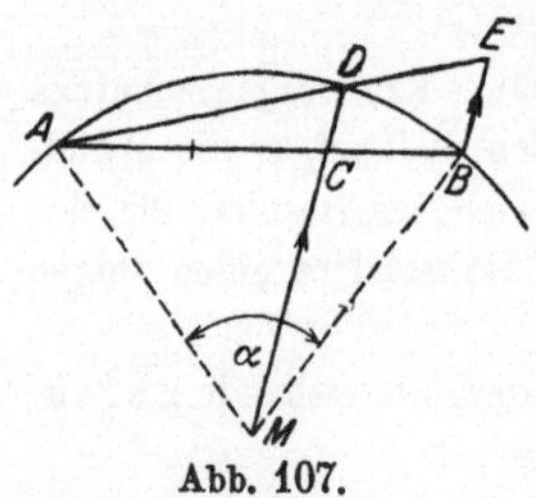

Abb. 107.

Bogen AB = Strecke AE.[1]

Für α kleiner als $\begin{Bmatrix} 65° \\ 90° \end{Bmatrix}$ ist der relative Fehler kleiner als $\begin{Bmatrix} 1\,°/_{00} \\ 1\,°/_0 \end{Bmatrix}$. Mit Hilfe dieser Konstruktion kann man auch umgekehrt von einem Punkte A aus einen Bogen von vorgeschriebener Länge auf den Kreis übertragen.

Prüfe die Konstruktion an einem Beispiel $r = 10$ cm, $\alpha = 60°$.

---

[1] Nach M. d'Ocagne, Nouvelles annales de mathématiques, 1907, pag. 1—6.

26. Es sei r = Radius; α = Zentriwinkel; b = Bogen; J = Inhalt eines Kreissektors. Berechne aus irgend zwei der vier Größen die beiden andern.

$r =$	1) 60	2) 15	3) 16	4) 40	5) 1,5	6) 5 cm,
$\alpha =$	74°	108° 19'	35° 49'	210° 42'	37° 36'	45° 50'
$b =$	77,49	28,36	10	147,1	0,9845	4 cm,
$J =$	2325	212,7	80	2942	0,7384	10 cm².

27. In neuer Winkelteilung (100 Grad auf den Viertelkreis) lauten die Formeln für b und J:

$$b = \frac{r\pi\alpha}{200}; \quad J = \frac{r^2\pi\alpha}{400} \quad \text{und es ist} \quad \frac{200}{\pi} = 63{,}662^{g}; \quad \frac{\pi}{200} = 0{,}015708.$$

Prüfe die Richtigkeit der Angaben.

28. An einen Kreis mit dem Radius r sind zwei Tangenten t unter einem Winkel $\alpha = 60°$ gezogen. Berechne den Inhalt der Fläche zwischen den beiden Tangenten und dem Kreisbogen aus α und t oder α und r. Es wird $J = 0{,}2283\,t^2 = 0{,}6849\,r^2$. Für $\alpha = 120°$ wird $J = 0{,}1613\,t^2 = 0{,}0538\,r^2$.

29. Der Radius r eines Kreisringsektors (Abb. 98) sei 2 m; $\alpha = 25°$; $w = 30$ cm. Berechne seinen Inhalt (0,2815 m²).

30. Die Spannweite s des kleineren Bogens eines Kreisringsektors sei 80 cm; die Pfeilhöhe dieses Bogens sei $h = 10$ cm; $w = 30$ cm. Berechne den Inhalt des Kreisringsektors.

Lösung: r wird nach Aufgabe 16, § 9: 85 cm.

$$b = \sim \frac{8s_1 - s}{3} = \frac{8\sqrt{40^2 + 10^2} - 80}{3} = 83{,}28 \text{ cm.}$$

$$\hat{a} = b : r = 0{,}9798; \quad b_m = ? \quad J = b_m \cdot w = 29{,}4 \text{ dm}^2.$$

Genau zum gleichen Resultat kommt man mit Hilfe der Trigonometrie.

31. Der Inhalt einer Röhre von kreisförmigem Querschnitt und der in Abb. 108 gezeichneten Form wird gefunden, indem man die Länge der Mittellinie mit dem Inhalt des Querschnitts multipliziert. Bestimme das Volumen der Röhre für $R = 45$ cm; $r = 25$ cm, $w = 10$ cm, $\alpha = 240°$, unter der Voraussetzung $AM \| BM \|$ zur Symmetrielinie m.

$$V = (R + r)\,\hat{a} \cdot \frac{w^2\pi}{4} = 23{,}03 \text{ dm}^3.$$

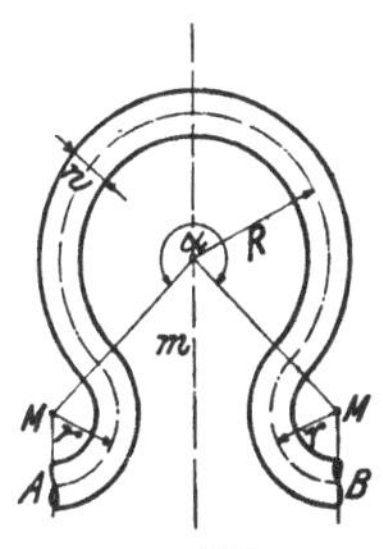

32. Aus dem Radius r und dem Zentriwinkel $\alpha = 60°$ ist die Sehne s, die Bogenhöhe h und der Inhalt des Segments zu berechnen. Man berechne den Inhalt auch nach den beiden Näherungsformeln:

$$J_1 = \frac{2}{3} s h \quad \text{und} \quad J_2 = \frac{2}{3} s h + \frac{h^3}{2s}$$

Abb. 108.

und bestimme den hierbei begangenen Fehler in Prozenten des richtigen Inhaltes. Zeichne die Figur! (Abb. 99.)

Lösung. Es ist

$$s = r,$$

$$h = r - \frac{r}{2}\sqrt{3} = \frac{r}{2}(2 - \sqrt{3}) = \underline{0,1340\,r},$$

$$J = \frac{r^2\pi}{6} - \frac{r^2\sqrt{3}}{4} = r^2\left(\frac{\pi}{6} - \frac{\sqrt{3}}{4}\right) = \underline{0,0906\,r^2},$$

$$J_1 = \frac{2}{3}\,s \cdot h = \frac{2}{3} \cdot r \cdot 0,1340\,r = \underline{0.0893\,r^2},$$

$$J_2 = J_1 + \frac{h^3}{2s} = 0,0893\,r^2 + 0,0012\,r^2 = \underline{0,0905\,r^2}.$$

Unter dem **absoluten Fehler** versteht man die Differenz zwischen dem wirklichen Inhalte J und dem aus J_1 berechneten Näherungswert, also

$$J - J_1 = 0,0013\,r^2.$$

Dividiert man diesen Fehler durch den richtigen Inhalt J, so erhält man das Verhältnis des Fehlers zum richtigen Inhalt, den **relativen Fehler**

$$\frac{J - J_1}{J} = \frac{0,0013\,r^2}{0,0906\,r^2} = 0,014;$$

der nach J_1 berechnete Inhalt ist demnach um 1,4 % zu klein.

Für J_2 ergibt sich der Wert

$$\frac{J - J_2}{J} = \frac{0,0001\,r^2}{0,0906\,r^2} = 0,001,$$

der Fehler beträgt also nur 0,1 %. Eine genauere Prüfung der Formeln zeigt, daß die erste Näherungsformel bis ungefähr zu einem Winkel $\alpha = 50^\circ$ einen Fehler liefert, der kleiner als 1 % ist; das entspricht einem Verhältnis $h : s = 1 : 9$. Darüber hinaus sollte man J_1 nicht benutzen. J_2 liefert brauchbare Resultate für alle Segmente, die kleiner als der Halbkreis sind. Der Fehler erreicht nirgends den Wert 1 %.

Die Tabelle I enthält die Bogenhöhen, Sehnenlängen und Inhalte der Kreisabschnitte für alle Winkel von $0^\circ - 180^\circ$ für einen Kreis vom Radius 1. Ist der Radius nicht 1, sondern r, so sind die Werte für die Sehnen und Bogenhöhen mit r, die der Segmente mit r^2 zu multiplizieren. Wir werden später auf diese Tabellen zurückkommen. Vergleiche die obigen Resultate mit den Angaben der Tabelle.

33. Es ist die gleiche Aufgabe wie in 32 für die Winkel $\alpha = 30^\circ$, 45°, 90°, 120°, 150°, 180° zu lösen und jedesmal ist der Fehler in Prozenten zu bestimmen. Die Resultate für s, h und J sind in der besprochenen Tabelle I enthalten. Der nach J_1 berechnete Fehler ist für die angegebenen Winkel der Reihe nach $\sim 0,3$, $0,8$, $3^1/_2$, 6, 10, $15^1/_3$ %!

34. Man stelle in einem Koordinatensystem nach den Angaben der Tabelle I den Inhalt J eines Kreisabschnitts als Funktion des Zentriwinkels dar. Auf der Abszissenachse wähle man $0^\circ - 10^\circ = 1$ cm. Für die Ordinaten J sei eine Strecke von 20 cm Länge als Einheit angenommen. Dann trage man auf dem gleichen Blatt zum Vergleiche die nach $J_1 = \frac{2}{3} sh$ berechneten Werte ein (vgl. Abb. 145).

35. Berechne mit Hilfe der Tabelle I für einen Kreis mit dem Radius 1 die Bogenlängen nach der Formel $b = \frac{8s_1 - s}{3}$, für Winkel von 10 zu 10° und trage die berechneten Werte zum Vergleiche in der selbst gezeichneten Abb. 106 ein.

Beispiel für 100°. s_1 gehört zum Winkel 50°, s zum Winkel 100°, daher ist nach der Sehnentabelle $\hat{a} = \sim (8 \cdot 0{,}8452 - 1{,}5321) : 3 = 5{,}2295 : 3 = 1{,}7432$ statt 1,7453, wie aus der Tabelle zu ersehen ist.

36. Abb. 109 stellt den Querschnitt durch den **Kranz einer Riemenscheibe** dar. Man berechne seinen Inhalt für $s = 20$ cm, $a = 1{,}5$ cm, $h = 0{,}8$ cm, $r = 2$ cm. Man leite eine Inhaltsformel ab für $a = 0{,}1 \cdot s$, $h = \frac{a}{2}$, $r = 0{,}1\,s$. $\left(\text{Segment nach } J_1 = \frac{2}{3} sh\right)$ (46,9 cm², 0,149 s^2.)

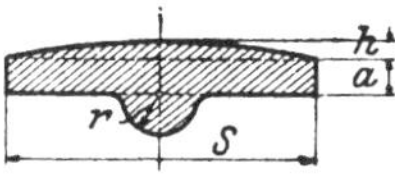

Abb. 109.

37. Ein **Segment** habe eine Sehne $s = 20$ cm, eine Pfeilhöhe $h = 4$ cm. Berechne seinen Inhalt.

Lösung: Die genauen Resultate, mit Hilfe der Trigonometrie berechnet, sind: $J = 55{,}00$ cm², $b = 22{,}07$ cm, $\alpha = 1{,}5220$, $\alpha^0 = 87^0\,12^1/_3{}'$. Wir vergleichen damit die Resultate, die wir mit unsern Näherungsformeln erhalten:

$$J_1 = \frac{2}{3} \cdot 4 \cdot 20 = \frac{160}{3} = 53{,}3 \text{ cm}^2. \qquad\qquad \text{Fehler: } 1{,}7 \text{ cm}^2.$$

$$J_2 = \frac{2}{3} \cdot 4 \cdot 20 + \frac{4^3}{2 \cdot 20} = 54{,}93 \text{ cm}^2. \qquad \text{Fehler: } 0{,}07 \text{ cm}^2.$$

$$b = \frac{8\,s_1 - s}{3} = \frac{8\sqrt{116} - 20}{3} = 22{,}05 \text{ cm.} \qquad \text{Fehler: } 0{,}02 \text{ cm.}$$

Für r findet man 14,5 cm:

$$\hat{a} = \frac{b}{r} = \frac{22{,}05}{14{,}5} = 1{,}5207.$$

$$\alpha^0 = \text{(nach der Tabelle) } \underline{87^0 8'}. \qquad \text{Fehler: } 4'.$$

Berechne den Inhalt auch mit Hilfe der **Simpsonschen** Formel. Andere Beispiele Aufgabe 14 und 15, § 7.

38. Man zeichne zwei gleich große Kreise, so daß der Mittelpunkt des einen auf der Peripherie des andern liegt. Welchen Inhalt hat das beiden Kreisen gemeinsame Flächenstück? $J = \frac{r^2}{6}(4\,\pi - 3\sqrt{3}) = 1{,}228\,r^2.$

39. Einem Rhombus mit den Diagonalen $d = 11{,}4$, $D = 15{,}2$ cm werden durch gleich große Kreise um die Ecken die Ecken abgeschnitten. Der Radius des Kreises ist $a : 5$, wobei a die Länge einer Seite des Rhombus bedeutet. Berechne den Inhalt der Restfläche. $J = 75{,}30$ cm².

40. Einem regelmäßigen Sechseck mit der Seite a werden durch Kreise mit dem Radius $a:3$ die Ecken abgeschnitten. Wie groß ist der Inhalt der verbleibenden Fläche? $J = 1{,}900\,a^2$.

41. Um zwei gegenüberliegende Ecken eines Quadrates mit der Seite $2a$ schlage man im Quadrat je einen Viertelkreis mit dem Radius a. Um die beiden anderen Ecken werden mit der gleichen Zirkelöffnung zwei $^3/_4$-Kreise außerhalb des Quadrates gezeichnet. Berechne Umfang und Inhalt der Figur. $u = 12{,}566\,a$, $J = a^2(\pi + 4) = 7{,}1416\,a^2$.

42. Um jede Ecke eines gleichseitigen Dreiecks mit der Seite s wird ein Kreisbogen durch die beiden andern Ecken geschlagen. Berechne Umfang und Inhalt des Bogendreiecks.

$$u = s \cdot \pi = 3{,}1416\,s, \qquad J = \frac{\pi - \sqrt{3}}{2}\,s^2 = 0{,}7048\,s^2.$$

Für $s = 40$ cm wird $J = 1127{,}6$ cm², $u = 125{,}66$ cm,
für $s = 30$ cm wird $J = 634{,}3$ cm², $u = 94{,}25$ cm.

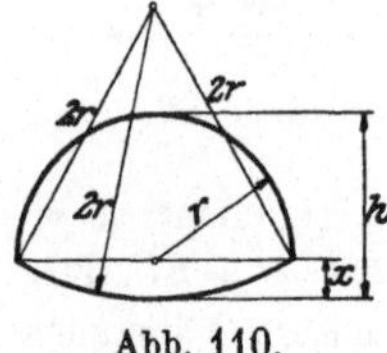
Abb. 110.

43. Bestimme die Strecken x und h, sowie den Inhalt und den Umfang des in Abb. 110 gezeichneten Kanalquerschnitts[1] aus dem Radius r.

$$x = 0{,}268\,r,$$
$$h = 1{,}268\,r,$$
$$J = 1{,}933\,r^2,$$
$$u = 5{,}236\,r.$$

44. Inhalt und Umfang der Abb. 111 sind aus s und r zu berechnen, s ist die Seite eines gleichseitigen Dreiecks.

$$u = (s + 2r)\pi; \quad J = \frac{\pi}{2}(s^2 + 2rs + 2r^2) - \frac{s^2}{2}\sqrt{3}.$$

Für $r = 0$ erhält man die Resultate von 42. Für $s = 20$ cm; $r = 3$ cm wird $J = 498{,}7$ cm²; $u = 81{,}68$ cm.

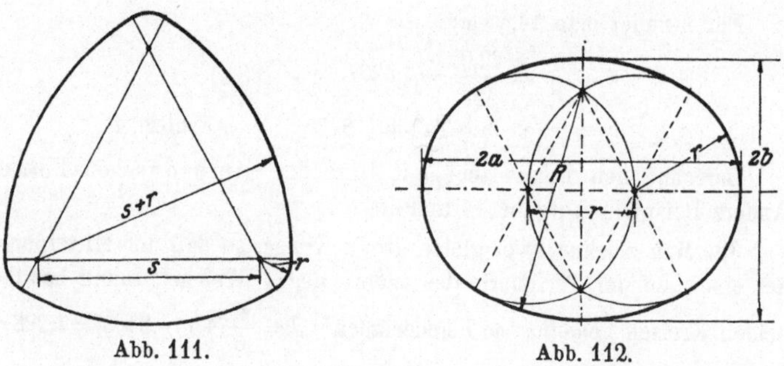
Abb. 111.   Abb. 112.

45. Umfang und Inhalt, sowie $2a$ und $2b$ der Abb. 112 sind aus r zu berechnen.

---

[1] Nach R. Weyrauch: Hydraulisches Rechnen, 2. Aufl., S. 52.

$$u = 8{,}3776\,r; \quad J = 5{,}4172\,r^2,$$
$$2a = 3r; \qquad 2b = 2{,}2679\,r.$$

Für $r = 4$ cm wird $J = 86{,}67$ cm². Zeichne die Figur und bestimme den Inhalt auch mit der **Simpsonschen** Formel.

46. Für Abb. 113 wird:

$$2a = 2{,}4142\,s = s\,(1 + \sqrt{2})\,,$$
$$2b = 1{,}8284\,s = s\,(2\sqrt{2} - 1),$$
$$u = 6{,}664\,s \;= \frac{3}{2}\,\pi\sqrt{2}\cdot s,$$
$$J = 3{,}427\,s^2 \;= \frac{s^2}{4}\,(5\,\pi - 2).$$

Für $s = 44$ cm ist $u = 293{,}2$; $2a = 106{,}2$; $2b = 80{,}45$ cm; $J = 6634$ cm².

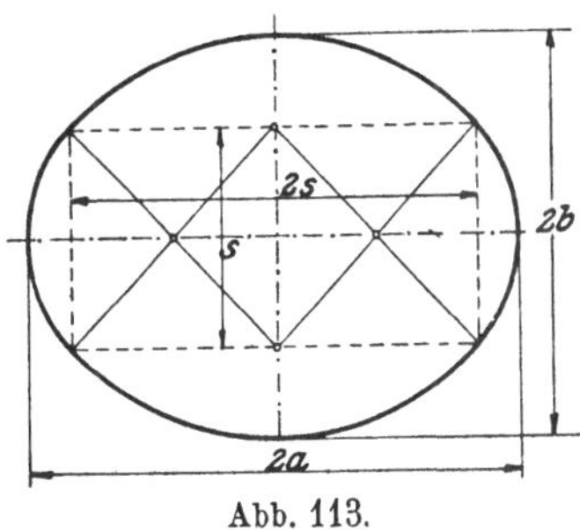

Abb. 113.

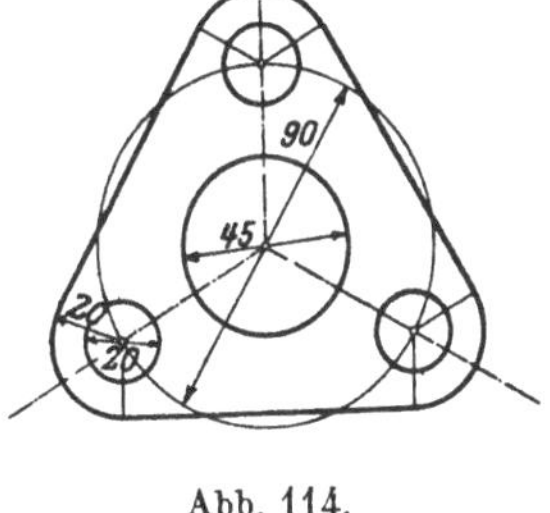

Abb. 114.

47. Einem Kreise mit dem Radius R wird ein gleichseitiges Dreieck umbeschrieben. Die Ecken des Dreiecks werden abgerundet durch Kreise, die die Seiten des Dreiecks berühren und deren Mittelpunkte auf dem gegebenen Kreise liegen. Berechne den Radius r für diese Abrundungen, sowie den Inhalt und den Umfang der Figur aus R.

$$r = \frac{R}{2}; \; J = \frac{R^2}{4}\,(9\sqrt{3} + \pi) = 4{,}6826\,R^2;$$
$$u = R\,(3\sqrt{3} + \pi) = 8{,}3379\,R.$$

Für $R = 30$ cm ist $J = 4214{,}3$ cm²; $u = 250{,}14$ cm.

48. Der Inhalt der Abb. 114 ist 60,31 cm², die Maße sind mm.

49. Einem Quadrat von 100 mm Seite wird ein Kreis einbeschrieben. Die Ecken des Quadrates werden abgerundet durch Kreise, deren Mittelpunkte in den Schnittpunkten der Diagonalen mit dem Kreise liegen. Von der übrigbleibenden Fläche werden noch 5 Kreise weggenommen, und zwar ein Kreis von 30 mm Durchmesser um den Mittelpunkt des Quadrates und je ein Kreis von 10 mm Durchmesser um die Mittelpunkte der Abrundungskreise. Berechne den Radius für die Abrundungen an den Ecken, sowie den Inhalt der Restfläche.

$$r = 14{,}6 \text{ mm}; \; J = 87{,}95 \text{ cm}^2.$$

50. Für das „Eiprofil" in Abb. 115 wird:

$$r = R(2 - \sqrt{2}) = 0{,}5858\,R,$$

$$u = \frac{R\pi}{2}(6 - \sqrt{2}) = 7{,}203\,R;$$

$$J = (3\pi - \pi\sqrt{2} - 1)\,R^2 = 3{,}982\,R^2; \quad HF = 2{,}5858\,R.$$

Für $R = 20$ cm wird $J = 1592{,}8$ cm²; $u = 144{,}06$; $HF = 51{,}72$ cm.

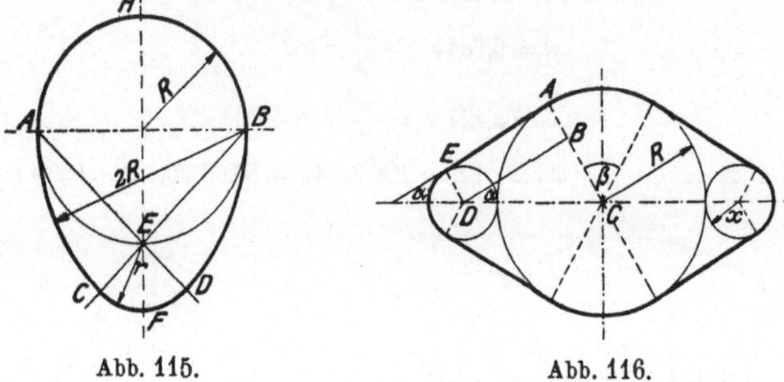

Abb. 115.   Abb. 116.

51. In Abb. 116 ist $x = R:3$. Berechne Inhalt und Umfang aus R.

$$J = \frac{R^2}{27}(11\pi + 48\sqrt{3}) = 4{,}359\,R^2,$$

$$u = \frac{R}{9}(10\pi + 24\sqrt{3}) = 8{,}109\,R.$$

Beachte, daß sich für alle Figuren, deren Form durch Angabe einer einzigen Strecke (R) bestimmt ist, der Inhalt durch eine Formel von der Form $J = k\,R^2$ bestimmen läßt, wobei k eine reine Zahl ist.

§ 12. Streckenverhältnisse. Proportionalität.

Unter dem Verhältnis zweier Strecken versteht man den Quotienten ihrer Maßzahlen; dabei ist vorausgesetzt, daß beide mit der gleichen Einheit gemessen werden.

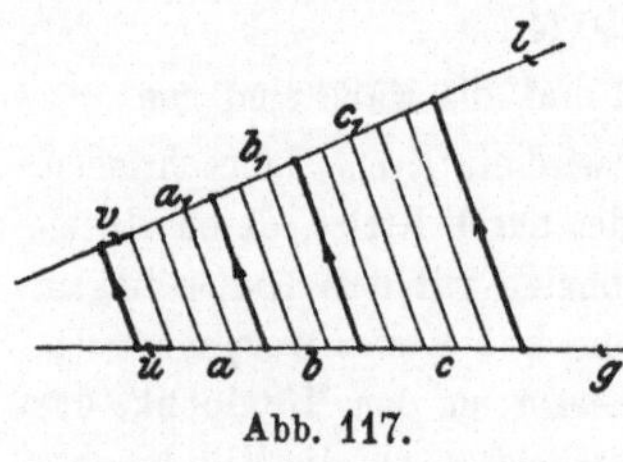

Abb. 117.

Auf der Geraden g (Abb. 117) sind drei Strecken a, b, c abgetragen. a enthält eine kleinere Strecke u genau 4 mal, b 3 mal, c 5 mal. Durch die Teilpunkte ziehen wir in irgendeiner von g und l verschiedenen Richtung parallele Gerade. Dadurch entstehen nach § 3 auch auf l unter sich gleiche Strecken v. a und a_1, b und b_1, c und c_1, u und v heißen zugeordnete oder entsprechende Strecken.

Es ist nun:

$$a_1 = 4\,v, \qquad b_1 = 3\,v, \qquad c_1 = 5\,v,$$
$$a = 4\,u, \qquad b = 3\,u, \qquad c = 5\,u.$$

Durch Division je zweier untereinander stehender Gleichungen erhält man:

$$\frac{a_1}{a} = \frac{4\,v}{4\,u} = \frac{v}{u} \qquad \frac{b_1}{b} = \frac{3\,v}{3\,u} = \frac{v}{u} \qquad \frac{c_1}{c} = \frac{5\,v}{5\,u} = \frac{v}{u}\,.$$

Wir setzen für den gemeinsamen Wert $\dfrac{v}{u}$ den Buchstaben k, dann ist:

$$\frac{a_1}{a} = \frac{b_1}{b} = \frac{c_1}{c} = k, \quad \text{d. h.:} \tag{1}$$

Satz 1. Werden zwei (oder mehrere) gerade Linien von mehreren parallelen Geraden geschnitten, so haben die Verhältnisse entsprechender Strecken den gleichen Wert (k).

Wäre $a = 4{,}12$ cm, $b = 3{,}23$ cm, dann könnte man $u = 0{,}01$ cm als gemeinsames Maß beider Strecken wählen. u wäre in a 412, in b 323 mal enthalten und genau so oft die entsprechende Strecke v in a_1 und b_1. Am Beweise des Satzes 1 ändert sich nichts als die Anzahl und die Größe der Teilstrecken u und v.

Es gibt Strecken a und b, die keine auch noch so kleine Strecke u als gemeinschaftliches Maß besitzen. Nehmen wir z. B. an, eine winzig kleine Strecke u sei auf der Seite eines Quadrates genau eine ganze Anzahl, z. B. G mal enthalten, dann enthält die Diagonale diese gleiche Strecke $G \sqrt{2}$ mal. $\sqrt{2}$ ist aber ein unendlicher, nicht periodischer Dezimalbruch, somit kann $G \sqrt{2}$ keine ganze Zahl sein. Auf der Diagonale und auf der Seite eines Quadrates kann man also niemals eine auch noch so kleine Strecke u genau eine ganze Anzahl mal abtragen. Solche Überlegungen haben aber nur theoretisches Interesse; unterhalb einer gewissen Grenze können wir wegen der Unvollkommenheit unserer Augen keine Längenunterschiede mehr wahrnehmen.

Nach Gleichung (1) ist:

$$\frac{a_1}{a} = k \quad \text{oder} \quad \boldsymbol{a_1 = ka,}$$

$$\frac{b_1}{b} = k \quad \text{,,} \quad \boldsymbol{b_1 = kb,} \tag{2}$$

$$\frac{c_1}{c} = k \quad \text{,,} \quad \boldsymbol{c_1 = kc,} \ \text{d. h.:}$$

Satz 2 Die Strecken auf der einen Geraden können aus den ihnen entsprechenden Strecken auf der andern Geraden durch Multiplikation mit einem konstanten Faktor (k) berechnet werden. k ist nach (1) das Verhältnis irgend zweier entsprechender Strecken.

Ist x irgendeine Strecke auf g, und y die ihr entsprechende auf l, so besteht zwischen beiden die Beziehung:

$$y = kx. \tag{3}$$

Man sagt allgemein von zwei der Veränderung fähigen Größen y und x, die durch eine algebraische Beziehung von der Form (3) aneinander gebunden sind, sie seien einander proportional. k nennt man den Proportionalitätsfaktor. Zu den Werten:

$$x = 1 \quad 2 \quad 3 \quad 4 \ldots n$$

gehören nach (3) die Werte

$$y = 1k \quad 2k \quad 3k \quad 4k \ldots nk.$$

Gerade darin besteht das Charakteristische zweier proportionaler Größen: Läßt man die eine Größe $n$mal größer werden, dann wird auch die andere Größe den $n$fachen Betrag ihres früheren Wertes erreichen. (n ist irgendeine positive Zahl.) Größen dieser Art haben wir schon viele kennen gelernt, z. B. ist für den Kreis $u = \pi \cdot d$. π ist hier gleich k. Zum $n$fachen Durchmesser gehört der $n$fache Umfang. Der Umfang ist dem Durchmesser proportional. Vergleiche auch $d = a\sqrt{2}$;

$$h = 0{,}5s \cdot \sqrt{3}; \quad \widehat{a} = \frac{\pi}{180} \cdot a^{\circ}; \quad \text{hier hat } k \text{ der Reihe nach die}$$

Werte $\sqrt{2}$; $0{,}5 \cdot \sqrt{3}$; $\dfrac{\pi}{180}$.

In Abb. 117 war:

$$a = 4u \quad \text{und} \quad a_1 = 4v$$
$$b = 3u \qquad\qquad b_1 = 3v,$$

daraus folgt:

$$\frac{a}{b} = \frac{a_1}{b_1} = \frac{4}{3}. \tag{4}$$

Ähnlich könnte man auch zeigen:

$$\frac{a+b}{b} = \frac{a_1+b_1}{b_1} = \frac{7}{3} \quad \text{usw.} \tag{5}$$

Die Gleichungen (4) und (5) sagen aus:

Satz 3. Werden zwei gerade Linien (g und l) von Parallelen geschnitten, so verhalten sich irgend zwei Abschnitte auf der **gleichen** Geraden zueinander, wie die ihnen entsprechenden Abschnitte auf der andern Geraden.

Alle drei Sätze sagen im wesentlichen dasselbe.

Gleichungen von der Form $\dfrac{a_1}{a} = \dfrac{b_1}{b}$ oder $a_1 : a = b_1 : b$ (gelesen: a_1 verhält sich zu a wie $b_1 : b$), die also aussagen, daß zwei Verhältnisse den gleichen Wert haben, werden auch Proportionen genannt. Proportionen lassen sich für alle Größen, die durch ein Gesetz von der Form (3) verbunden sind, ableiten. Ist z. B.

$$y_1 = k x_1,$$
$$y_2 = k x_2,$$

so folgt daraus durch Division:

$$y_1 : y_2 = x_1 : x_2.$$

k ist in der Proportion nicht mehr vorhanden; aber aus den einzelnen Gleichungen $y_1 = k x_1$ und $y_2 = k x_2$ folgt $k = \dfrac{y_1}{x_1} = \dfrac{y_2}{x_2}$, also gleich dem Verhältnis irgend zweier zusammengehöriger Werte.

Durchmesser und **Inhalt** eines Kreises stehen auch in der Beziehung, daß eine Vergrößerung des einen eine Vergrößerung des andern zur Folge hat. Setzen wir aber in $J = \dfrac{\pi}{4}\, d^2$ für d der Reihe nach $2d,\ 3d \ldots nd$, so wird:

$$J_2 = \frac{\pi}{4}\,(2d)^2 = 4 \cdot \frac{\pi}{4}\, d^2 = 4 J,$$

$$J_3 = \frac{\pi}{4}\,(3d)^2 = 9 \cdot \frac{\pi}{4}\, d^2 = 9 J,$$

$$- - - - - - - - - - -$$

$$J_n = \frac{\pi}{4}\,(nd)^2 = n^2 \cdot \frac{\pi}{4}\, d^2 = n^2 J.$$

Verdoppelt, verdreifacht ... ver-n-facht man den Durchmesser, so wird der Inhalt nicht 2-, 3- ... n-mal, sondern 4-, 9- ... n^2-mal größer! Man wendet nun die Bezeichnung „proportional" auch hier an; aber man sagt: der Inhalt ist „proportional dem Quadrate" des Durchmessers. Ähnliche Überlegungen lassen sich an alle Größen y und x knüpfen, die durch ein Gesetz von der Form:

$$y = k x^2 \qquad (k = \text{konstante Größe})$$

miteinander verbunden sind. Unter „proportional" schlechthin soll immer die durch (3) gegebene Beziehung verstanden werden.

Beispiele und Übungen.

1. Es sei

1) $a = 400$ m	2) $a = 2{,}40$ m	3) $a = 6{,}3$ km	4) $a = 0{,}048$ m
$b = 32$ m	$b = 18$ m	$b = 210$ m	$b = 96$ mm.

Man drücke in allen Beispielen $a:b$ in den kleinsten ganzen Zahlen aus, sowie durch Verhältniszahlen, von denen eine gleich 1 ist.

1) $a:b = 25:2 = 12{,}5:1 = 1:0{,}08$ 2) $40:3 = 1:0{,}075 = 13^{1}/_{3}:1$

3) $30:1 = 1:0{,}0333$ 4) $1:2 = 0{,}5:1$.

Sind zwei Strecken bekannt, wenn ihr Verhältnis bekannt ist? Nenne Strecken a und b, die im Verhältnis $2:5$ stehen.

2. Aus der Proportion $a:b = c:d$ oder $\dfrac{a}{b} = \dfrac{c}{d}$ folgt durch Multiplikation mit bd die Gleichung $ad = bc$. (In Worten!) Man kann umgekehrt aus jeder Gleichung von der Form $ab = xy$ wieder eine Proportion herstellen. So ist $y = kx$ oder $y \cdot 1 = kx$ gleichbedeutend mit $y:x = k:1$. Man schreibe die folgenden Gleichungen in Form von Proportionen und drücke das Resultat in Worten aus.

$$u = \pi d \qquad \text{oder} \qquad u:d = \cdots$$
$$d = a\sqrt{2} \qquad \text{,,} \qquad d:a = \cdots$$

3. Die Seiten eines Rechtecks verhalten sich wie $5:7$; sein Inhalt ist 105 cm^2. Wie lang sind seine Seiten? (8,66, 12,12 cm.)

Inhalt eines rechtwinkligen Dreiecks $= 314 \text{ cm}^2$; die Katheten a und b verhalten sich wie $3:11$. Berechne die Seiten des Dreiecks. — (Setze $a = 3k$; $b = 11k$; dann ist $33k^2 = ab = 2 \cdot 314$; hieraus folgt k.) Es ist $a = 13{,}08$; $b = 47{,}96$; $c = 49{,}7$ cm.

4. In Abb. 118 ist ABC ein beliebiges Dreieck. AE halbiert den Winkel bei A. BD ist parallel zu AE. Warum ist das Dreieck ABD gleichschenklig? Es ist somit $AD = AB = c$. Leite aus der Abbildung die Beziehung ab

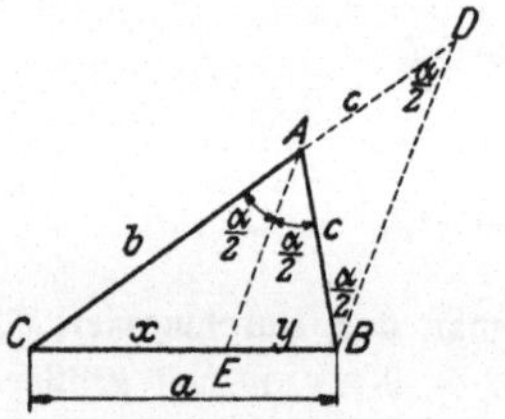

$$x:y = b:c, \qquad (1)$$

d. h. die Halbierungslinie eines Dreieckswinkels teilt die Gegenseite in zwei Abschnitte, die sich wie die anliegenden Seiten verhalten.

Abb. 118.

Wann wäre $x = y$? — Es ist ferner

$$x + y = a. \qquad (2)$$

Aus (1) und (2) folgt: $x = \dfrac{a}{b+c} \cdot b, \qquad y = \dfrac{a}{b+c} \cdot c. \qquad (3)$

Ist nach (3) $x + y = a$? Prüfe die Dimension.

Ein Dreieck hat die Seiten $a = 10$, $b = 12$, $c = 8$ cm; zeichne das Dreieck, berechne die Abschnitte, die die Winkelhalbierenden auf den Seiten erzeugen, und prüfe die Rechnung durch Nachmessen an der Zeichnung. (Auf $a:6$ und 4; $b:6{,}67$, $5{,}33$; $c:4{,}36$, $3{,}64$.)

5. Teilung einer Strecke nach gegebenem Verhältnis (Abb. 119). Die Strecke AB ist in zwei Stücke zu zerlegen, die sich wie zwei gegebene Strecken m und n verhalten. Die Abbildung enthält die leicht verständliche Lösung. $AC : BC = m : n$. Die Richtung von l ist beliebig. Sind m und n sehr groß, so kann man von jeder Strecke den gleichen Bruchteil, z. B. die Hälfte, ein Drittel usf., verwenden.

Man teile eine Strecke von 8 cm Länge (ohne Zuhilfenahme der Rechnung) in zwei Teile, die sich wie a) $7 : 2$, b) $1 : \sqrt{3}$, c) $1 : \sqrt{2}$, d) $1 : \frac{1}{2}\sqrt{3}$, oder in drei Teile, die sich wie $5 : 2 : 4$ verhalten. Prüfe nachträglich die Konstruktion durch die Rechnung.

6. Projektion. In der Abb. 119 werden den Strecken m und n auf l die Strecken AC und BC zugeordnet. Man nennt AC und BC auch etwa die „Projektionen" der Strecken m und n. m und n sind in der Richtung der Parallelen „projiziert" worden. Ähnlich kann man in der Abb. 117 die Strecken a_1, b_1, c_1 als Projektionen der Strecken a, b, c auffassen und dem Satz 3 in § 12 die Fassung geben: **Projiziert man mehrere Strecken einer Geraden (g) auf eine andere Gerade (l), so verhalten sich die Projektionen wie die Originalstrecken.**

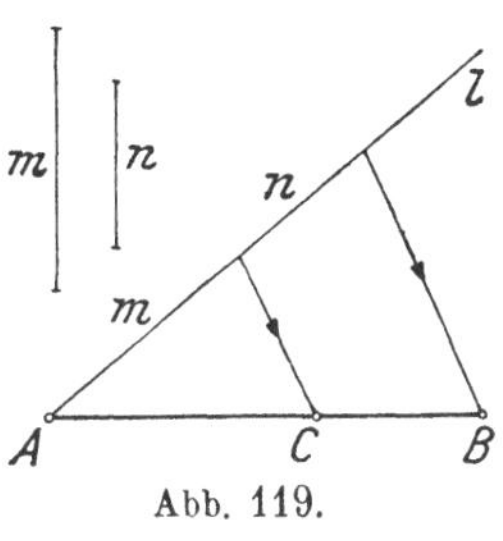

Abb. 119.

Oder im Hinblick auf die Aufgabe 5: **Teilungsverhältnisse von Strecken gehen durch Parallelprojektionen nicht verloren.**

7. Durch einen beliebigen Punkt P zwischen den Schenkeln eines Winkels ist eine Gerade g so zu ziehen, daß der zwischen den Schenkeln liegende Abschnitt durch P 1. halbiert, 2. im Verhältnis $2 : 3$ geteilt wird.

Gegeben: Drei beliebige sich in einem Punkte schneidende Gerade. Ziehe durch einen gegebenen Punkt eine vierte Gerade so, daß die Abschnitte dieser Geraden zwischen den drei gegebenen Geraden in einem vorgeschriebenen Verhältnis stehen.

8. Für jede der drei Figuren in Abb. 120 gilt die Proportion $x : a = b : c$. Es ist also in jeder Figur $x = \dfrac{ab}{c}$. Daher können alle drei Figuren zur Konstruktion des algebraischen Ausdrucks $\dfrac{ab}{c}$ benutzt werden. — Zeichne drei beliebige Strecken a, b, c und konstruiere Strecken von den Längen $\dfrac{ac}{b}$, $\dfrac{a^2}{b}$, $\dfrac{bc}{a}$, $\dfrac{c^2}{a}$.

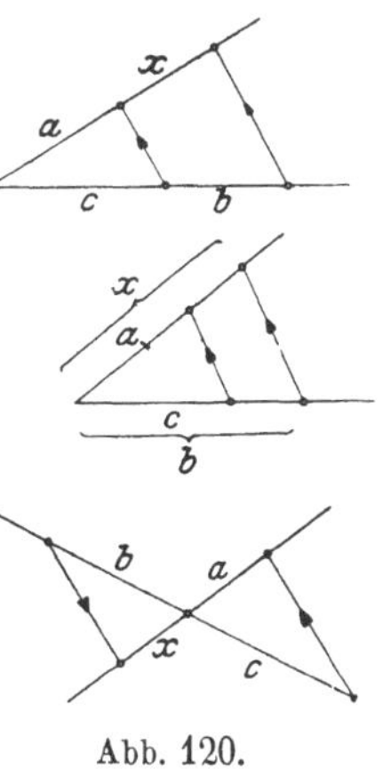

Abb. 120.

9. Sollen mehrere gegebene Strecken $a, b, c \ldots$ im gleichen Verhältnis verkürzt werden, so daß z. B. die Strecke a auf die Länge a_1 reduziert wird, so ziehe man (Abb. 121) durch einen beliebigen Punkt O zwei gerade

Linien g und l, trage auf g die Strecke a, auf l die Strecke a_1 ab und verbinde die Endpunkte dieser Strecken. Wie dann eine Strecke b im gleichen Verhältnis in eine Strecke b_1 verkürzt wird, zeigt die Abbildung.

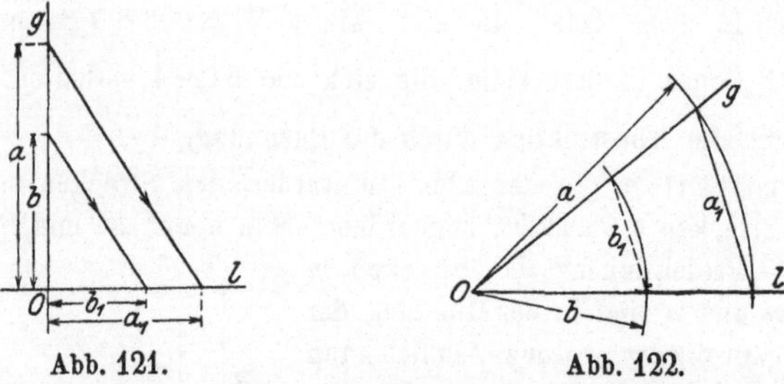

Abb. 121.   Abb. 122.

Abb. 122 zeigt ein anderes Verfahren. Man schlägt mit a um einen Punkt O einen Kreis, trägt a_1 als Sehne in diesen Kreis, wodurch die Lage von g und l bestimmt ist. Ein Kreisbogen um O mit b als Radius liefert b_1 als reduzierte Strecke.

§ 13. Ähnliche Dreiecke.

In der Abb. 123 sind die beiden Geraden AB_1 und AC_1 von den Parallelen BC und B_1C_1 geschnitten. Nach § 12 Satz 3 ist daher:

$$\frac{AB_1}{AB} = \frac{AC_1}{AC}. \tag{1}$$

Die beiden Geraden C_1B_1 und C_1A sind von den Parallelen AB_1 und CD geschnitten. Daher ist:

$$\frac{B_1C_1}{B_1D} = \frac{AC_1}{AC}. \tag{2}$$

Nun ist aber $B_1D = BC$ und (2) kann geschrieben werden als:

$$\frac{B_1C_1}{BC} = \frac{AC_1}{AC}. \tag{3}$$

In (1) und (3) kommt das gleiche Verhältnis $\dfrac{AC_1}{AC}$ vor. Es ist daher:

$$\frac{AB_1}{AB} = \frac{B_1C_1}{BC} = \frac{AC_1}{AC} = n, \tag{4}$$

worin n den gemeinsamen Wert aller Brüche bedeutet.

Wir fassen nun Abb. 123 als zwei übereinander gelegte Dreiecke ABC und AB_1C_1 auf. Die Dreiecke haben offenbar gleiche Winkel. Die Seiten, die den gleichen Winkeln gegenüber liegen, sollen „entsprechende“ Seiten heißen. (4) sagt aus, daß die Verhältnisse entsprechender Seiten beider Dreiecke den gleichen Wert (n) haben. Nach (4) ist:

$$\frac{AB_1}{AB} = n \text{ oder } \boldsymbol{AB_1 = n \cdot AB,}$$

$$\frac{B_1C_1}{BC} = n \text{ oder } \boldsymbol{B_1C_1 = n \cdot BC,} \qquad (5)$$

$$\frac{AC_1}{AC} = n \text{ oder } \boldsymbol{AC_1 = n \cdot AC.}$$

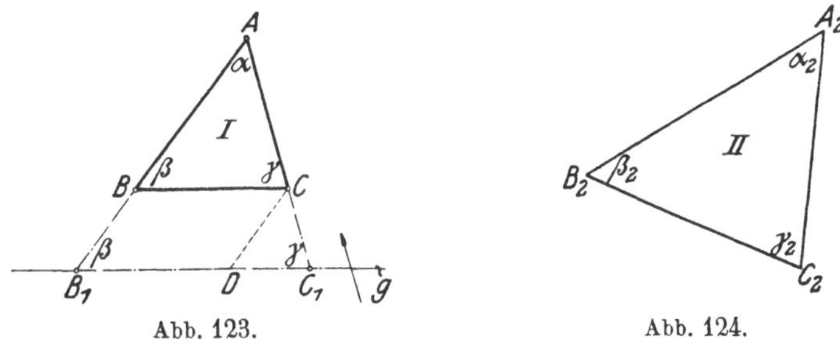

Abb. 123. Abb. 124.

Die Seiten des einen Dreiecks gehen aus den entsprechenden Seiten des andern durch Multiplikation mit dem gleichen Faktor (n) hervor. Die Seiten des einen sind also denen des andern „proportional“.

Man nennt allgemein Dreiecke (überhaupt Figuren), die

1. gleiche Winkel **und**
2. proportionale Seiten haben,

„ähnliche“ Dreiecke (Figuren). Die Dreiecke ABC und AB_1C_1 sind somit ähnlich.

Zusammenfassend können wir sagen: Schneidet man zwei Dreiecksseiten oder deren Verlängerungen mit einer Parallelen (g) zur dritten Seite, so entsteht ein Dreieck, das dem gegebenen Dreieck ähnlich ist. Zeichen für ähnlich ist: $\sim$.

Wir können nun offenbar durch paralleles Verschieben der Geraden g (B_1C_1) nach oben oder unten unzählig viele Dreiecke erhalten, die alle dem Dreieck ABC ähnlich sind. Der Faktor n der Gleichungen 4 und 5 nimmt dabei alle möglichen positiven Zahlenwerte an. Wo liegt g für $n = 1$; $n > 1$; $n < 1$?

Damit man von zwei Figuren sagen kann, sie seien ähnlich, müssen nach den oben gegebenen Erklärungen zwei Bedingungen erfüllt sein: Gleichheit der Winkel und Gleichheit der Seitenverhältnisse. Für Dreiecke gilt nun der bemerkenswerte Satz: Haben zwei Dreiecke gleiche Winkel, so haben sie ohne weiteres auch proportionale Seiten und umgekehrt!

Wir nehmen z. B. an, das Dreieck II in Abb. 124 habe die gleichen Winkel wie das Dreieck I (ABC) in Abb. 123. Es sei also $\alpha_2 = \alpha$; $\beta_2 = \beta$; $\gamma_2 = \gamma$. Über die Seiten machen wir dagegen keine Voraussetzung. Wir denken uns nun die bewegliche Gerade g in Abb. 123 gerade so eingestellt, daß $AB_1 = A_2B_2$ ist; dann ist $\triangle AB_1C_1 \cong \triangle A_2B_2C_2$, denn $AB_1 = A_2B_2$; $\alpha = \alpha_2$; $\beta = \beta_2 \cdot (wsw)$. $\triangle AB_1C_1$ ist aber dem Dreieck I ähnlich, somit ist auch das Dreieck II dem Dreieck I ähnlich, d. h. II hat nicht nur die gleichen Winkel wie I, sondern auch proportionale Seiten, was wir beweisen wollten.

Wir setzen nun umgekehrt voraus, die Seiten des Dreiecks II seien denen des Dreiecks I proportional, d. h. also, die Seiten von II gehen aus den Seiten von I durch Multiplikation mit dem gleichen Faktor n hervor. Über die Winkel machen wir jetzt keine Voraussetzung. Nun ist klar, daß II einem jener Dreiecke kongruent sein muß, die in Abb. 123 durch Parallelverschieben von g entstehen können. Das ist dann der Fall, wenn AB_1 gerade gleich $n \cdot AB$, also $AB_1 = A_2B_2$ ist; denn nach den Gleichungen (5) stimmen dann auch die übrigen Seiten des Dreiecks AB_1C_1 mit denen von II überein. AB_1C_1 ist aber dem Dreieck I ähnlich, somit ist auch II dem I ähnlich, d. h. es hat nicht nur proportionale Seiten, wie wir vorausgesetzt haben, sondern auch gleiche Winkel.

Für Dreiecke gelten demnach die folgenden **Ähnlichkeitssätze:**

1. Dreiecke sind ähnlich, wenn sie in entsprechenden Winkeln übereinstimmen.

2. Dreiecke sind ähnlich, wenn sie proportionale Seiten haben.

Es gibt noch andere Ähnlichkeitssätze; so sind z. B. Dreiecke auch ähnlich, wenn sie in dem Verhältnis zweier Seiten und dem von ihnen eingeschlossenen Winkel übereinstimmen, was ebensoleicht bewiesen werden könnte.

In Abb. 125 sind zwei ähnliche Dreiecke A und B gezeichnet. Es ist also $a_1 : a = b_1 : b = c_1 : c = n$ oder

$$a_1 = na \qquad\qquad a : a_1 = 1 : n$$
$$b_1 = nb \qquad \text{oder} \qquad b : b_1 = 1 : n \qquad\qquad (6)$$
$$c_1 = nc \qquad\qquad c : c_1 = 1 : n .$$

Diese Gleichungen können wir auch so deuten: die Seiten des Dreiecks A enthalten die Längeneinheit 1 a-, b-, c mal, die des Dreiecks B enthalten eine neue Längeneinheit n ebenfalls a-, b-, c mal $(a_1 = a \cdot n;$ $a = a \cdot 1; \ldots)$. Dreieck B ist also nur nach einem anderen Maßstabe gezeichnet. Dreiecke, die sich nur im Maßstab unterscheiden (also Vergrößerungen oder Verkleinerungen), sind ähnlich.

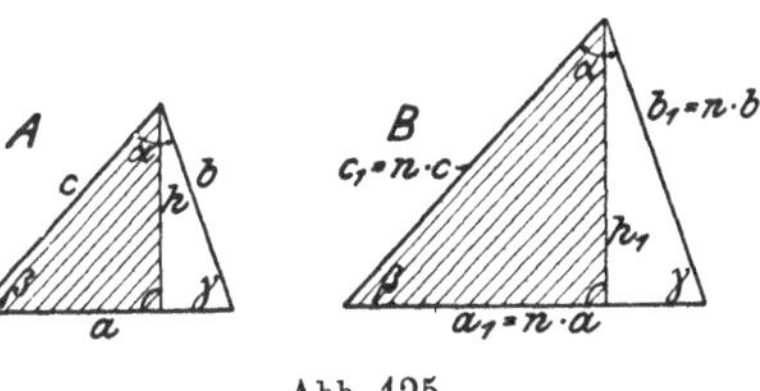

Abb. 125.

Dies ist nur eine andere Ausdrucksweise für den zweiten Ähnlichkeitssatz. Man beachte die Zeichen $=, \sim, \cong$!

Verhalten sich die entsprechenden Seiten ähnlicher Dreiecke wie $1 : n$, so gilt das gleiche Verhältnis für alle entsprechenden Linien, also z. B. auch für entsprechende Höhen, Winkelhalbierende usw. Die schraffierten Dreiecke in Abb. 125 sind offenbar ähnlich. (1. Ähnlichkeitssatz.) Somit ist: $\dfrac{h_1}{h} = \dfrac{c_1}{c}$.

Nach (6) ist daher: $\dfrac{h_1}{h} = \dfrac{c_1}{c} = \dfrac{a_1}{a} = \dfrac{b_1}{b} = n$, also ist $\dfrac{h_1}{h} = n$ oder:

$$h_1 = n \cdot h .$$

Ist $u = a + b + c$, dann ist

$$u_1 = na + nb + nc = n \cdot (a + b + c) = nu,$$

also: $\qquad\qquad u_1 = nu$ usw.

Ist J der Inhalt des Dreiecks A, J_1 der des Dreiecks B, dann ist:

$$J = \frac{ah}{2} \text{ und } J_1 = \frac{a_1 h_1}{2} = \frac{na \cdot nb}{2} = n^2 \cdot \frac{ah}{2} = n^2 J,$$

$$J_1 = n^2 J \text{ oder } J : J_1 = 1 : n^2. \qquad\qquad (7)$$

Verhalten sich entsprechende Linien ähnlicher Dreiecke wie $1 : n$, so verhalten sich die Inhalte wie $1 : n^2$.

Diesem Satz gibt man oft eine andere Fassung. Nach (7) ist: $\dfrac{J}{J_1} = \dfrac{1}{n^2}$. Erweitert man den Bruch mit a^2 oder u^2 oder h^2 usw., so erhält man

$$\frac{J}{J_1} = \frac{a^2}{n^2 a^2} = \frac{u^2}{n^2 u^2} = \frac{h^2}{n^2 h^2} = \frac{a^2}{(na)^2} = \frac{u^2}{(nu)^2} = \frac{h^2}{(nh)^2};$$

da aber $na = a_1$, $nu = u_1$, $nh = h_1$ ist, ist:

$$\frac{J}{J_1} = \frac{a^2}{a_1^2} = \frac{h^2}{h_1^2} = \frac{u^2}{u_1^2} = \frac{b^2}{b_1^2},$$

d. h.: **Die Inhalte ähnlicher Dreiecke verhalten sich wie die Quadrate irgendwelcher entsprechender Linien. (Seiten, Höhen usw.)** Sind also die Seiten eines Dreiecks 2-, 3-, 4-… mal größer als die Seiten eines gegebenen Dreiecks, so ist jede Linie 2-, 3-, 4-… mal größer. Der Inhalt aber ist 4-, 9-, 16-… mal größer.

§ 14. Übungen und Beispiele.

Der Gedankengang, der bei fast allen Aufgaben über ähnliche Dreiecke einzuschlagen ist, ist der folgende: Man beweist zunächst, daß in den bezüglichen Figuren überhaupt ähnliche Dreiecke vorhanden sind.

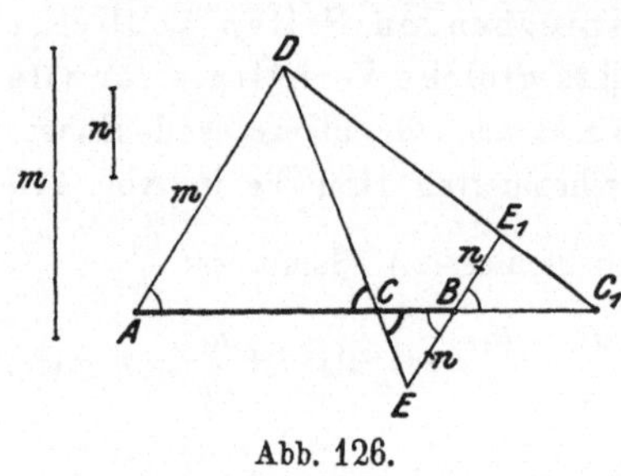

Abb. 126.

Das gelingt in fast allen Fällen durch den Nachweis gleicher Winkel. Stimmen zwei Dreiecke in zwei entsprechenden Winkeln überein, dann sind die dritten Winkel ohne weiteres einander gleich. Aus der Ähnlichkeit der Figuren lassen sich dann Proportionen ableiten, in denen natürlich die zu berechnende Größe vorhanden sein muß.

1. Die Seiten eines Dreiecks sind $a = 32$, $b = 44$, $c = 34$ cm. Der Umfang eines ähnlichen Dreiecks ist 260 cm. Man berechne seine Seiten und das Verhältnis der Inhalte. ($a_1 = 75{,}64$, $b_1 = 104{,}00$, $c_1 = 80{,}36$ cm. $J : J_1 = 1 : 5{,}587$.)

Andere Beispiele: Für $a = 18$, $b = 30$, $c = 24$, $a_1 = 15$ cm wird $b_1 = 25$, $c_1 = 20$ cm, $J : J_1 = 1{,}44 : 1$.

Für $a = 15{,}2$, $b = 17{,}8$, $c = 20{,}0$, $c_1 = 50$ cm wird $a_1 = 38{,}0$, $b_1 = 44{,}5$, $J : J_1 = 1 : 6{,}25$.

2. Konstruiere zu einem Dreieck ein ähnliches, dessen Inhalt 2-, 3-, 4-, 5,8-, n mal größer ist.

3. Teilung einer Strecke nach vorgeschriebenem Verhältnis (Abb. 126). AB sei die gegebene Strecke, die in C geteilt werden soll, so daß $AC : BC = m : n$ ist. Ziehe $AD \parallel BE$, mache $AD = m$, $BE = n$, DE gibt C.

Macht man $AD = m$, $BE_1 = n$, so schneidet DE_1 auf der Verlängerung von AB einen Punkt C_1 aus, für den die Proportion gilt: $AC_1 : BC_1 = m : n$. Man sagt: AB ist durch C_1 außen im Verhältnis $m : n$ geteilt. Beweise die Richtigkeit der Konstruktionen.

Es sei $AB = a = 10$ cm. Berechne die Verlängerung x, wenn sich a) die Strecke zur Verlängerung wie $2 : 3$, b) die Strecke zur verlängerten Strecke $(a + x)$ wie $5 : 7$ verhalten soll. ($x = 15$ cm, 4 cm).

4. Der Transversalmaßstab. Er beruht auf dem folgenden einfachen Gedanken. Teilt man die Seite AB des Dreiecks ABC in Abb. 127 in 10 gleiche Teile und zieht durch die Teilpunkte Parallele zu AC, so haben die Parallelen die Längen $0,1 \cdot AC$, $0,2 \cdot AC$, $0,3 \cdot AC$ usf. AF und BE sind auch in 10 gleiche Teile geteilt und die Teilpunkte hat man in der aus der Abbildung ersichtlichen Weise miteinander verbunden.

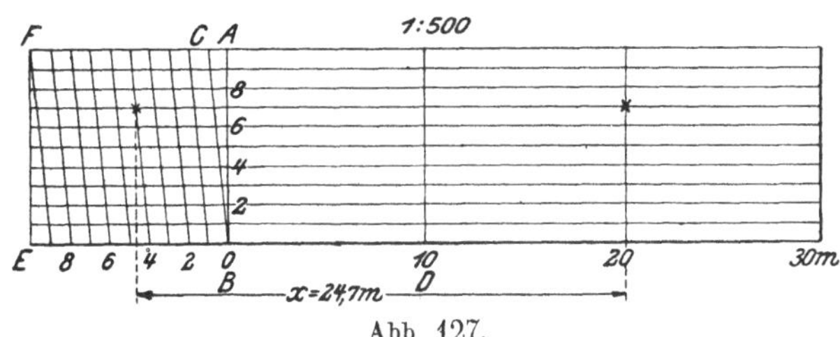

Abb. 127.

Durch diese Querlinien (Transversalen) wird die Genauigkeit des Maßstabes erhöht. Die Abb. 127 dient zugleich zum bequemen Verkleinern von gemessenen Strecken im Verhältnis $1 : 500$. Einer Strecke von 10 m entspricht in der Figur eine Strecke von der Länge $BD = \dfrac{10}{500}$ m $= 2$ cm. x entspricht der Länge 24,7 m.

Der Nonius. Zur Ablesung von Teilen, die kleiner sind als die eines Maßstabs, sind in der Praxis verschiedene Hilfsmittel im Gebrauch, von denen wir im folgenden noch den „Nonius" besprechen wollen (Abb. 128). Auf dem Hauptmaßstab M soll an der mit einem Pfeil versehenen Stelle der genaue Wert abgelesen werden. Er ist etwas größer als 42. Zur genauen Ermittelung des noch fehlenden Restes x dient ein zweiter, längs des Maßstabes M verschiebbarer Hilfsmaßstab N, der Nonius. Dieser ist so beschaffen, daß auf zehn Teile n des Nonius neun Teile m des Maßstabes M treffen. Es ist also

$$10\,n = 9 \cdot m \text{ oder}$$
$$n = 0,9 \cdot m$$
$$m - n = m - 0,9\,m$$
$$m - n = 0,1 \cdot m. \tag{1}$$

Am Nonius findet man nun eine Stelle A, wo ein Strich der Noniusteilung mit einem Strich der Teilung M zusammenfällt. Dieser Treffpunkt möge um a Noniusteile vom Null-Punkte auf N entfernt sein. Der gesuchte Rest x ist dann nach der Figur

$$x = am - an = a\,(m - n) \quad \text{oder nach (1)}$$
$$x = a \cdot 0{,}1 \cdot m.$$

In der Figur ist $m = 1$, $a = 7$, somit ist $x = 0{,}7$. Die Noniusstellung entspricht somit dem Wert 42,7.

5. Steigungsverhältnis einer geraden Linie. Proportionale Größen. Die beiden Dreiecke OAB und OA_1B_1 in Abb. 129 sind ähnlich, denn $AB \parallel A_1B_1$ (1. Ähnlichkeitssatz). Daher ist:

$$\frac{y}{b} = \frac{x}{a} \quad \text{oder} \quad y = \frac{b}{a}\,x. \tag{1}$$

Hieraus kann man, wenn a und b gegeben sind, zu jedem beliebigen x das zugehörige y berechnen. Für $a = 8$, $b = 6$ cm findet man für

$x = 4{,}3$	5,8	7,2	9,4	20 cm
die Werte $y = 3{,}225$	4,35	5,4	7,05	15 cm. (Zeichnung!)

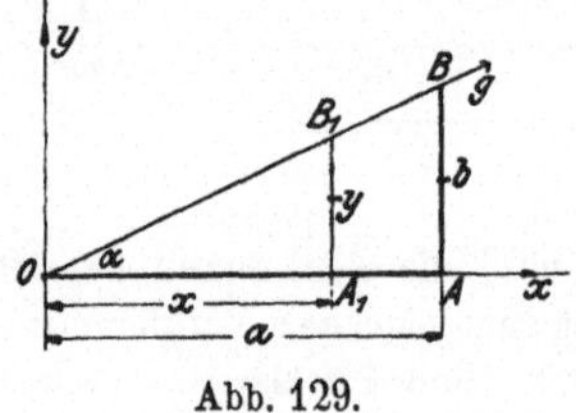

Abb. 129.

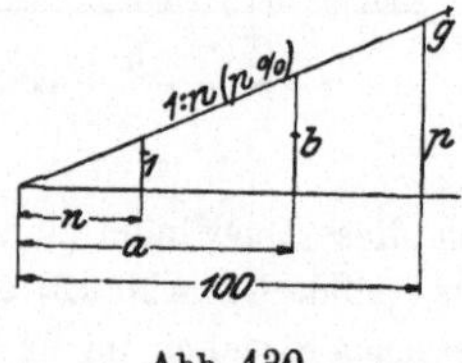

Abb. 130.

Stehen a und b **aufeinander senkrecht**, dann nennt man $b : a$ das „Steigungsverhältnis" oder die „Steigung" der geraden g gegenüber der horizontalen Linie. α heißt der **Steigungswinkel**. b liegt α gegenüber.

Wir betrachten nun O als Anfangspunkt eines Koordinatensystems. $OA_1 = x$ und $A_1B_1 = y$ sind jetzt die Koordinaten eines beliebigen Punktes der Geraden $OB = g$. Setzt man $b : a = k$, so erkennt man in Gleichung (1) die in § 11 gegebene Gleichung

$$y = kx, \tag{2}$$

die das algebraische Gesetz darstellt, das irgend zwei proportionale Größen aneinander bindet. **Stellt man demnach die Gleichung (2) in einem Koordinatensystem dar, d. h. faßt man y und x als Koordinaten auf, so erhält man immer eine durch den Anfangspunkt O gehende gerade Linie.** Den Gleichungen $u = \pi d$; $\overset{\frown}{\alpha} = \dfrac{\pi}{180}\,\alpha^0$; $d = a\sqrt{2}$ usf. entsprechen in einem Koordinatensystem gerade Linien. Vergleiche 34 in § 9; 24 in § 11.

6. Sehr oft gibt man das Steigungsverhältnis $b:a$ entweder in der Form $1:n$ oder in Prozenten an. Wie man aus der Abb. 130 ersieht, gilt die Beziehung:

$$b:a = 1:n = p:100 = p\%,$$

und (1) in Aufgabe 5 lautet:

$$y = \frac{1}{n}\,x = \frac{p}{100}\cdot x.$$

Man schreibt das Steigungsverhältnis $1:n$ gewöhnlich an die Hypotenuse des Dreiecks, dessen Katheten sich wie $1:n$ verhalten.

Man gebe die Steigungen a) $5:7$; b) $8:15$; c) $3:10$; d) $1:1$ in der Form $1:n$ und in Prozenten an:

a) $1:1{,}4 = 71{,}4\%$; b) $1:1{,}875 = 53{,}3\%$; c) $1:3^1/_3 = 30\%$; d) 100%. Zeichne eine Gerade mit dem Steigungsverhältnis $1:4$; $1:2{,}5$; 10%.

7. Zeige, daß die Höhe y in Abb. 131 aus a, b, c und x nach der Gleichung

$$y = \frac{b-c}{a}\,x + c$$

berechnet werden kann. Diese Gleichung gilt immer, wenn b, c, y parallel sind. Stehen sie wie in der Abbildung auf a senkrecht, dann ist y auch gleich

$$y = \frac{x}{n} + c = \frac{p}{100}\cdot x + c.$$

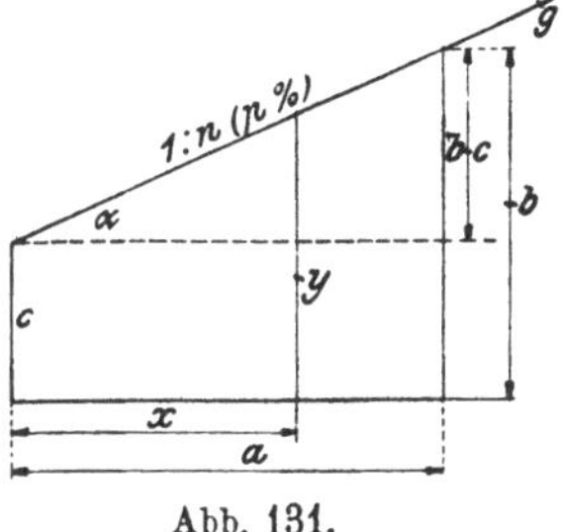

Abb. 131.

8. Zeichne zwei sich schneidende Gerade g und l, wähle auf g drei aufeinander folgende Punkte A, B, C, und zwar so, daß der Schnittpunkt von g und l zwischen A und B liegt. Ziehe durch A, B, C parallele Linien, die l in A_1, B_1, C_1 schneiden. Man messe in der Figur die Strecken AA_1, CC_1 AC, AB und berechne BB_1.

9. Berechne den Inhalt des Trapezes in Abb. 132. $(J = 40\ \text{m}^2.)$

10. Berechne aus $AB = 21$ cm die Längen x, y, AC und BC der Abb. 133. Es ist $x = 7$ cm, $y = 3{,}5$ cm, $AC = 28{,}22$ cm, $BC = 7{,}83$ cm. Zeichne die Figur.

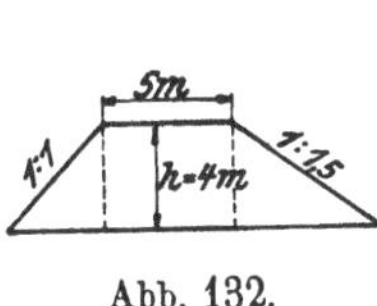

Abb. 132.

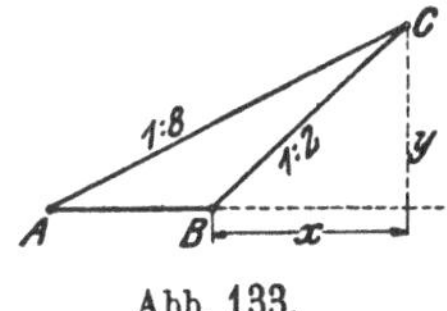

Abb. 133.

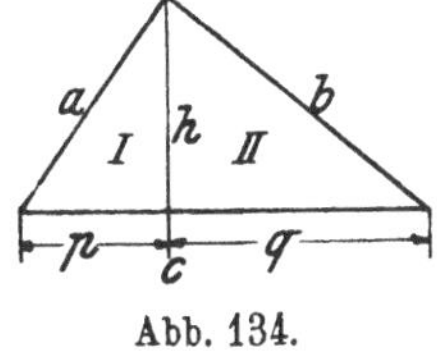

Abb. 134.

11. Das rechtwinklige Dreieck (Abb. 134). Man beweise den folgenden Satz: Die Höhe eines rechtwinkligen Dreiecks zerlegt das Dreieck in zwei ähnliche Dreiecke, die auch dem ganzen Dreieck ähnlich sind.

Nennen wir die Teildreiecke I und II, das ganze Dreieck III, so folgt aus der Ähnlichkeit

$$\text{von } I \text{ und } II: p:h = h:q \text{ oder } h^2 = pq,$$
$$\text{„ } I \text{ „ } III: p:a = a:c \text{ „ } a^2 = pc,$$
$$\text{„ } II \text{ „ } III: q:b = b:c \text{ „ } b^2 = qc.$$

Die Hypotenusen a, b, c der Dreiecke I, II und III sind entsprechende Seiten. Bezeichnen J_1, J_2 und J_3 die Inhalte der Dreiecke, so verhält sich

$$\frac{J_1}{J_3} = \frac{a^2}{c^2} \text{ und } \frac{J_2}{J_3} = \frac{b^2}{c^2},$$

daher ist

$$\frac{J_1}{J_3} + \frac{J_2}{J_3} = \frac{J_1 + J_2}{J_3} = \frac{a^2 + b^2}{c^2},$$

da aber $J_1 + J_2 = J_3$ ist, so ist $\dfrac{a^2 + b^2}{c^2} = 1$ oder

$$a^2 + b^2 = c^2.\,[1)$$

Die in § 8 besprochenen Sätze über das rechtwinklige Dreieck lassen sich also mit Hilfe der Ähnlichkeitslehre in sehr einfacher Weise ableiten.

12. In einem Punkte P der Hypotenuse c eines rechtwinkligen Dreiecks wird auf c ein Lot errichtet, das die Katheten a und b (die Verlängerung der einen) in A und B trifft. Beweise: Sind u und v die durch P bewirkten Abschnitte von c, so ist $PA \cdot PB = u \cdot v$.

13. In Abb. 134 ist $pc = a^2$ und $qc = b^2$, woraus folgt

$$p : q = a^2 : b^2.$$

Zeichne hiernach zwei Strecken, die sich wie die Quadrate von zwei gegebenen Strecken a und b verhalten und deren Summe bekannt ist.

Fälle vom Fußpunkte der Höhe h Lote auf die Katheten. Beweise: Die der Hypotenuse anliegenden Kathetenabschnitte u und v verhalten sich wie $a^3 : b^3$.

14. a und h seien Grundlinie und Höhe eines Dreiecks. In welchem Abstande y von a läßt sich im Dreieck eine Parallele zu a von der Länge x ziehen? $y = h\,(a - x) : a$.

15. a, b, h seien die Grundlinien und die Höhe eines Trapezes. x = Abstand des Schnittpunktes der beiden verlängerten Schenkel von der kleineren Parallelen b. Berechne x und $x + h$ aus a, b, h und leite die Inhaltsformel des Trapezes durch Subtraktion der Dreiecke mit den Höhen $x + h$ und x von neuem ab.

16. Ziehe durch den Schnittpunkt der Diagonalen eines Trapezes eine Parallele x zu den Grundlinien a und b. Beweise: Die von x bewirkten Abschnitte auf einem Schenkel verhalten sich wie $a : b$; ferner ist $x = 2ab : (a + b)$; x wird durch den Schnittpunkt der Diagonalen in zwei gleiche Strecken zerlegt. Die Abstände des Schnittpunktes von

---

[1) Dieser Beweis des pythagoreischen Lehrsatzes stammt von dem Mathematiker Jacob Steiner (1796—1863).

den Parallelen sind $ah : (a + b)$ und $bh : (a + b)$. Berechne den Inhalt jedes der vier Dreiecke, in die das Trapez durch die Diagonalen zerlegt wird.

17. $ABCD$ in Abb. 135 ist ein Rechteck. Beweise: $R = \dfrac{a^2}{b}$,

$$r = \frac{b^2}{a}, \quad DG = \frac{a}{b}\sqrt{a^2 + b^2}, \quad DE = \frac{b}{a}\sqrt{a^2 + b^2}, \quad AE = \frac{a^2 - b^2}{a},$$

$$AG = \frac{a^2 - b^2}{b}, \quad FC = \frac{a^2}{\sqrt{a^2 + b^2}}, \quad BF = \frac{b^2}{\sqrt{a^2 + b^2}}.$$

Prüfe die Dimensionen!

18. Berechne in Abb. 136 die Längen R_1 und R_2 aus r_1 und r_2. (Kegelräder.) Es wird

$$R_1 = \frac{r_1}{r_2} \cdot \sqrt{r_1^2 + r_2^2}; \quad R_2 = \frac{r_2}{r_1} \cdot \sqrt{r_1^2 + r_2^2}.$$

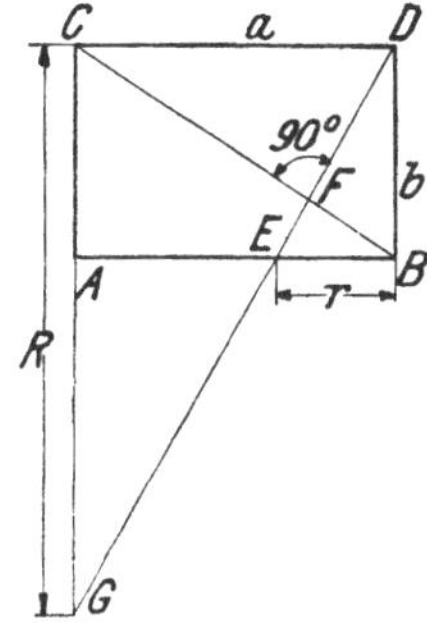

Abb. 135.

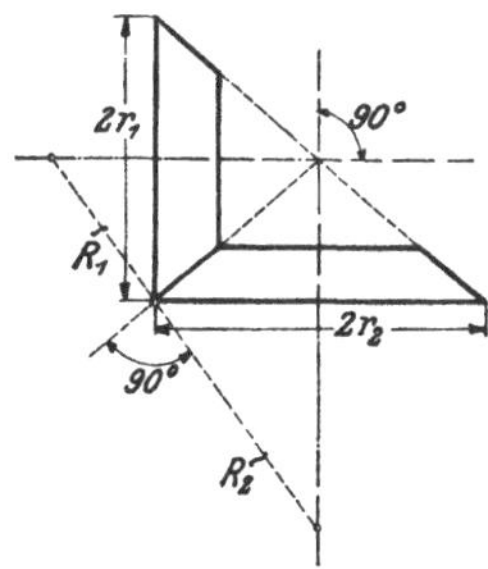

Abb. 136.

19. In Abb. 137 sind D und E die Mittelpunkte von AC und BC. Der Schnittpunkt S von AE und BD heißt der **Schwerpunkt des Dreiecks**. Beweise: $AS = 2 \cdot ES$; $BS = 2 \cdot DS$. Beweise ferner: Ist G der Mittelpunkt von AB, so geht auch GC durch S. AE, BD, GC heißen die **Schwerlinien des Dreiecks**. **Die drei Schwerlinien eines Dreiecks schneiden sich in einem Punkte, der von jeder Ecke doppelt so weit entfernt ist, wie von der Mitte der gegenüberliegenden Seite.**

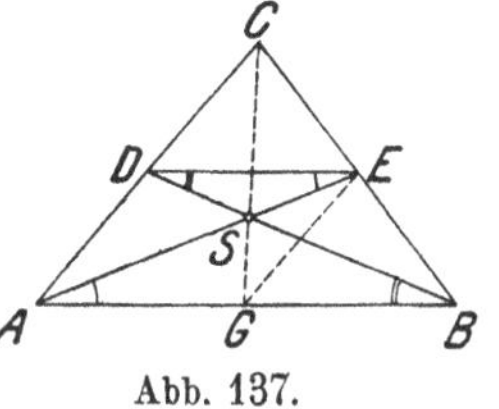

Abb. 137.

Es sei J der Inhalt des Dreiecks ABC; berechne daraus den Inhalt der Dreiecke CDE, ABS, DES, ASD, BSE und prüfe, ob deren Summe wieder J gibt.

A, B, C, D seien die aufeinanderfolgenden Ecken eines Parallelogramms. Verbinde A mit den Mittelpunkten der Seiten BC und DC. Beweise: Durch diese Verbindungslinien und die Ecken D und B wird die Diagonale DB in 3 gleiche Teile zerlegt.

20. Verlängere die eine Parallele a eines Trapezes um eine Strecke, die gleich der anderen Parallelen b ist; an die zweite Parallele b füge man nach entgegengesetzter Richtung eine Strecke a. Verbinde die Endpunkte der Verlängerungen durch eine gerade Linie; diese schneidet die Verbindungslinie der Mittelpunkte von a und b in einem Punkte S, dem Schwerpunkt des Trapezes. Beweise, daß S von a den Abstand $x = \dfrac{a+2b}{3\,(a+b)} \cdot h$ und von b den Abstand $y = \dfrac{b+2a}{3\,(a+b)} \cdot h$ hat. Was wird aus x und y, wenn $a = b$ oder wenn $b = 0$ ist?

21. Von einem Dreieck soll durch eine Parallele zu einer Seite ein Dreieck abgeschnitten werden, dessen Inhalt der dritte Teil vom Inhalt des ganzen Dreiecks ist.

Anleitung. Sind a, b, c die Seiten eines gegebenen Dreiecks, dann naben die entsprechenden Seiten a_1, b_1, c_1 des gesuchten Dreiecks die Längen $a_1 = a\sqrt{\dfrac{1}{3}}$; $b_1 = b\sqrt{\dfrac{1}{3}}$; $c_1 = c\sqrt{\dfrac{1}{3}}$. Jeder Ausdruck läßt sich leicht konstruieren; es ist z. B. $a\sqrt{\dfrac{1}{3}} = \sqrt{\dfrac{a^2}{3}} = \sqrt{a \cdot \dfrac{a}{3}}$; geometrisches Mittel aus a und $\dfrac{a}{3}$; Halbkreis über a.

Zerlege ein Dreieck durch Parallelen zu einer Seite 1) in 2, 2) in 3 inhaltsgleiche Flächenstücke.

22. Ein Trapez soll durch eine Parallele zu den Grundlinien in zwei inhaltsgleiche Trapeze zerlegt werden.

Anleitung. Es sei $b < a$. A und B seien die Endpunkte eines Schenkels, A liegt bei a. x sei die gesuchte Parallele, sie schneidet AB in C. Ziehe durch B und C Parallele zum andern Schenkel. Es entstehen zwei ähnliche Dreiecke. Ist h der Abstand von a und b; y der von x und a, dann lassen sich die Gleichungen aufstellen:

$$(a - x) : (a - b) = y : h \quad \text{und} \quad \frac{a+x}{2} \cdot y = \frac{b+x}{2} \cdot (h - y);$$

durch Elimination von y erhält man $x = \sqrt{\dfrac{a^2 + b^2}{2}}$; x läßt sich auch leicht konstruieren; es ist x das geometrische Mittel zu $\sqrt{a^2 + b^2}$ und $\dfrac{1}{2}\sqrt{a^2 + b^2}$. — Führe die Konstruktion für ein bestimmtes Trapez durch und prüfe sie durch die Rechnung.

23. Die Mittelpunkte M_1 und M_2 zweier Kreise mit den Radien R und r haben eine Entfernung e voneinander und es sei $R > r$ und $e > R + r$. Eine innere (äußere) Tangente schneidet die Zentrallinie in A (B). Berechne $M_1 A = x$ und $M_2 B = y$ aus R, r und e. Man findet $x = \dfrac{Re}{R+r}$; $y = \dfrac{re}{R-r}$. Was wird aus den Resultaten für $R = r$?

Zwei sich von außen berührende Kreise haben die Tangenten BC und AD (A, B und C, D sind die Berührungspunkte; $BC = AD$). Beweise: Sehne $AB = 4R\sqrt{Rr} : (R + r)$; Sehne $CD = 4r\sqrt{Rr} : (R + r)$. Abstand der parallelen Sehnen $4Rr : (R + r)$.

24. Ein Punkt P hat vom Mittelpunkt M eines Kreises den Abstand a ($a > r$); MP schneidet den Kreis in C. Man ziehe von P aus die beiden Tangenten an den Kreis, die ihn in A und B berühren mögen. Ziehe in C die Tangente, sie schneidet PA in E und PB in D. AB trifft MP in F. Berechne die Strecken ED, PD, CF aus a und r. Es wird

$$ED = \frac{2(a-r)r}{t},$$ wenn t die Länge der Tangente PA ist; da

$$t = \sqrt{a^2 - r^2} \text{ ist, ist } ED = 2r\sqrt{\frac{a-r}{a+r}}; \quad PD = \frac{a(a-r)}{t}$$

$$= a\sqrt{\frac{a-r}{a+r}}; \quad CF = \frac{r(a-r)}{a}.$$

25. In den Endpunkten eines Kreisbogens sind die Tangenten gezogen. Sind a, b und x die Längen der Lote, die man von einem beliebigen Punkte auf dem Kreisbogen auf die Tangenten und die Sehne fällen kann, dann gilt $ab = x^2$.

26. Im Punkte A eines Kreises (R) ist eine Tangente t gezogen; auf ihr trage man die Strecke $AB = a$ ab. Berechne den Radius r jenes Kreises, der den gegebenen Kreis und die Tangente in B berührt. ($r = a^2 : 4R$).

Der Berührungspunkt beider Kreise hat von t die Entfernung $2a^2R :$ ($a^2 + 4R^2$) und vom Durchmesser durch A den Abstand $4aR^2 : (a^2 + 4R^2)$.

27. **Konstruktion eines flachen Kreisbogens.** P in Abb. 138 sei ein beliebiger Punkt auf der obern Hälfte des Halbkreises. $PACB$ ist ein Rechteck. Wir teilen PA und PB je in beliebig viele gleiche Teile (in der Figur in drei) und verbinden die Teilpunkte mit C und D. Beweise, daß die Strahlen $C1$ und $D1'$; $C2$ und $D2'$ aufeinander senkrecht stehen, daß also die Punkte I und II auf dem Kreise durch C und D liegen.

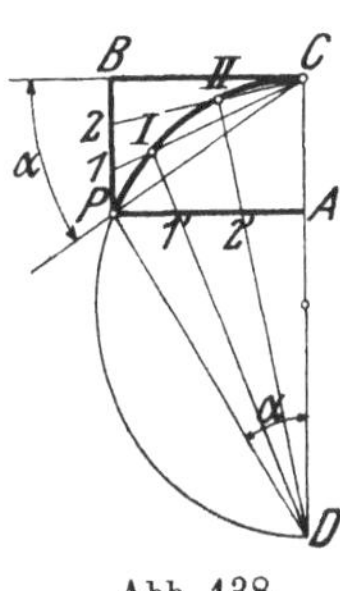

Abb. 138.

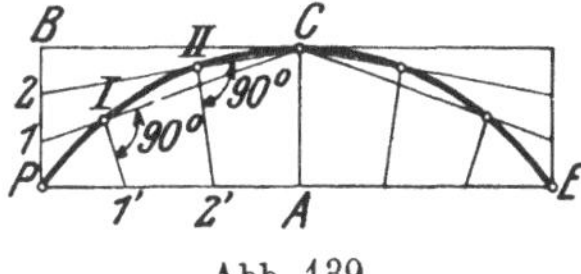

Abb. 139.

Diese Eigenschaften sind in Abb. 139 zur Konstruktion eines flachen Kreisbogens aus der Sehne PE und der Bogenhöhe CA verwertet worden. Man teilt PA in beliebig viele gleiche Teile, ebenso BP, fällt von $1'$ ein Lot auf $C1$, von $2'$ ein Lot auf $C2$ usf. I und II liegen auf dem Kreise durch PCE. Wähle z. B. $PE = 20$ cm, $AC = 4$ cm.

§ 15. Ähnliche Vielecke. Der Einheitskreis.

Wir ziehen von der Ecke P des Fünfecks $PABCD$ in Abb. 140 Strahlen nach den übrigen Ecken, nehmen A_1 auf dem Strahl durch A beliebig an, ziehen $A_1B_1 \parallel AB$; $B_1C_1 \parallel BC$; $C_1D_1 \parallel CD$. Die beiden Fünfecke $PABCD$ und $PA_1B_1C_1D_1$ haben entsprechend gleiche Winkel. Sodann ist nach § 13:

$$\triangle PAB \sim \triangle PA_1B_1; \quad \triangle PBC \sim \triangle PB_1C_1;$$
$$\triangle PCD \sim \triangle PC_1D_1.$$

Die Dreiecksseiten, die auf den Strahlen durch P liegen, gehören immer zu zwei verschiedenen Dreiecken. Mit ihrer Hilfe kann man die Proportionen, die für die Seiten zweier ähnlicher Dreiecke aufgestellt werden können, auch auf die benachbarten Dreiecke fortsetzen. Es ist also:

$$\frac{PA_1}{PA} = \frac{A_1B_1}{AB} = \left[\frac{PB_1}{PB}\right] = \frac{B_1C_1}{BC} = \left[\frac{PC_1}{PC}\right]$$
$$= \frac{C_1D_1}{CD} = \frac{PD_1}{PD} = n \tag{1}$$

oder: $PA_1 = n \cdot PA$; $A_1B_1 = n \cdot AB$; $B_1C_1 = n \cdot BC$ usw. (2) Die beiden Fünfecke haben demnach 1. entsprechend gleiche Winkel und 2. proportionale Seiten, d. h. sie sind ähnlich.

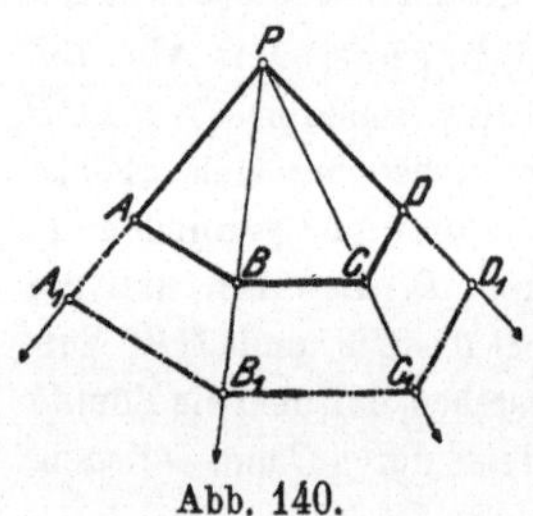
Abb. 140.

Es ist leicht einzusehen, daß nicht nur entsprechende Seiten, sondern überhaupt irgendwelche entsprechende Linien im gleichen Verhältnis $1 : n$ stehen. So liefern die in (1) eingeklammerten Verhältnisse die Gleichungen $PB_1 = n \cdot PB$; $PC_1 = n \cdot PC$, d. h. auch die von P ausgehenden Diagonalen stehen im Verhältnis $1 : n$. Dasselbe könnte auch für die übrigen Diagonalen nachgewiesen werden.

Die beiden Fünfecke setzen sich aus entsprechend ähnlichen Dreiecken zusammen, deren Inhalte sich wie $1 : n^2$ verhalten. So ist

$$\triangle PA_1B_1 = n^2 \cdot \triangle PAB$$
$$\triangle PB_1C_1 = n^2 \cdot \triangle PBC$$
$$\triangle PC_1D_1 = n^2 \cdot \triangle PCD.$$

Durch Addition dieser Gleichungen erhält man links den Inhalt J_1 des Fünfecks $PA_1B_1C_1D_1$ und rechts n^2 mal den Inhalt J des anderen Fünfecks; es ist demnach: $J_1 = n^2 J.$ (3)

Ähnliche Überlegungen lassen sich an irgendwelche ähnliche Figuren knüpfen. Verhalten sich also entsprechende Seiten ähnlicher Figuren wie $1:n$, so gilt das gleiche Verhältnis für alle entsprechenden Linien; dagegen verhalten sich die Inhalte wie $1:n^2$ oder wie die Quadrate entsprechender Linien.

Diese Resultate sind ganz unabhängig von der besonderen Lage der beiden Fünfecke in Abb. 140. Denn wenn irgendein zu $PABCD$ ähnliches Fünfeck in anderer Lage gegeben wäre, so könnte man es durch Verschiebung in die Lage der Fünfecke in Abb. 140 bringen.

Bei Dreiecken folgte aus der Gleichheit der Winkel ohne weiteres die Proportionalität der Seiten, und umgekehrt. Bei Vielecken ist das im allgemeinen nicht zutreffend. Man vergleiche ein Rechteck und ein Quadrat, oder ein Quadrat und einen Rhombus. Bevor man also von zwei Vielecken sagen kann, sie seien ähnlich, muß man sowohl die Gleichheit der Winkel als auch die Proportionalität der Seiten nachweisen.

Abb. 140 zeigt, wie zu irgendeinem Fünfeck (oder Vieleck) ein ähnliches nach einem vorgeschriebenen Maßstab $1:n$ konstruiert werden kann. Man wählt den Punkt A_1 auf dem Strahl so, daß $PA_1 : PA = n$ ist und führt die Konstruktion in der erläuterten Weise aus. Man kann den Punkt P auch irgendwo in der Ebene des Fünfecks wählen, z. B. im Innern des Fünfecks oder außerhalb, wie es in Abb. 141 geschehen ist, aus der sich

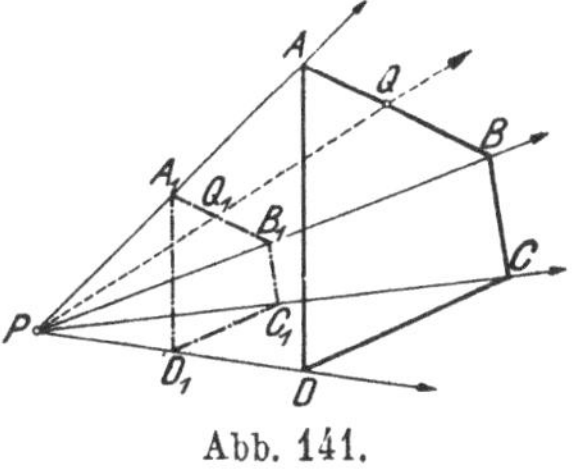

Abb. 141.

die Gleichungen ebenfalls herleiten ließen. Liegen zwei ähnliche Figuren so, daß die Verbindungslinien entsprechender Punkte (AA_1, BB_1 ...) durch einen Punkt (P) gehen und daß je zwei entsprechende Strecken einander parallel sind, so sagt man, die Figuren seien in „perspektivischer" oder „ähnlicher Lage" (Abb. 140 und 141). P heißt der Ähnlichkeitspunkt oder das Perspektivzentrum und die durch P gehenden Strahlen werden Ähnlichkeitsstrahlen genannt. Für irgend zwei auf einem Ähnlichkeitsstrahl liegende entsprechende Punkte, z. B. QQ_1, AA_1 ... der beiden Figuren ist das Verhältnis $PQ : PQ_1$; $PA : PA_1$ ... das gleiche. Zwei ähnliche Figuren, die

nicht in ähnlicher Lage sind, lassen sich stets in „ähnliche Lage"
bringen.

Zahlreiche in den Handel kommende Vergrößerungs- und Ver-
kleinerungsapparate (Storchschnabel, Pantograph) stützen sich auf
die Lehre von der perspektivischen Lage ähnlicher Figuren. In Abb. 142
ist ein solcher Apparat schematisch dargestellt. Er besteht aus vier in

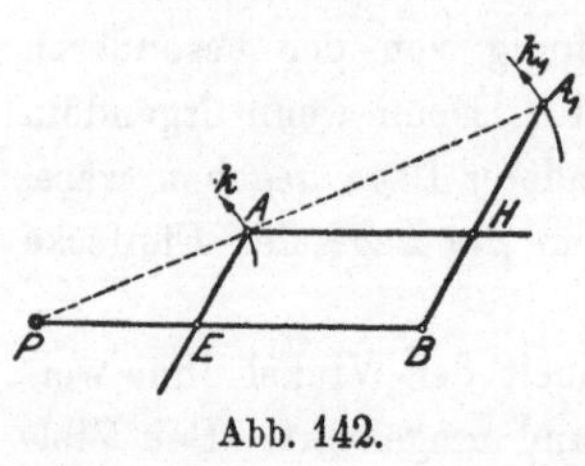

B und A gelenkartig verbundenen Stäben.
AE und AH können durch Schrauben
in beliebigen Lagen E und H festgehalten
werden. Man stellt nun den Apparat so
ein, daß $AEBH$ ein Parallelogramm ist
und die Punkte PAA_1 in einer geraden
Linie liegen. Hält man P auf der Papierebene fest und führt A längs einer
Kurve k, so beschreibt A_1 eine ähn-

Abb. 142.

liche Kurve k_1, die zu k in bezug auf P in ähnlicher Lage ist. k wird
dabei im Maßstab $1:n$ vergrößert, wenn $PB = n \cdot PE$ gemacht ist. Man
überlege sich, warum wohl die Punkte P, A, A_1 während der Bewegung
immer in einer geraden Linie bleiben und warum immer $PA_1 = n \cdot PA$ ist.

Der Einheitskreis.

Alle Kreise sind einander ähnlich. Ihre Umfänge verhalten
sich wie die Radien oder wie die Durchmesser, ihre Inhalte wie
die Quadrate der Radien oder der Durchmesser. In Abb. 143 sind

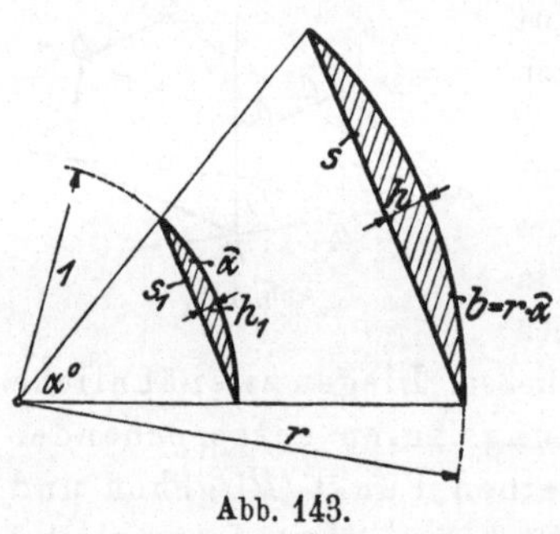

um den Scheitel eines Winkels α^{0}
zwei Kreisbogen mit den Radien
r und 1 geschlagen. Sektoren,
die zum gleichen Zentriwinkel
gehören, sind ähnlich. Die
Sehnen s und s_1, die Pfeilhöhen
h und h_1, die Radien r und 1,
die schraffierten Segmente mit
den Inhalten J und J_1 sind entsprechende Stücke der beiden
ähnlichen Sektoren.

Abb. 143.

Da sich nun der Radius des Einheitskreises zum
Radius des beliebigen Kreises wie $1:r$ verhält, so ist
jede Linie am beliebigen Kreis das r-fache der entsprechenden Linie am Einheitskreis, dagegen können die
Inhalte aller Flächenstücke aus den Inhalten der entsprechenden Flächen am Einheitskreis durch Multiplikation mit r^2 berechnet werden.

Die Größen am Einheitskreis lassen sich also in außerordentlich einfacher Weise jedem beliebigen Kreise anpassen.

Es sei b der Bogen, h die Bogenhöhe, s die Sehne, J der Inhalt eines Kreissegments in einem Kreise von beliebigem Radius r. $\widehat{a}$, h_1, s_1, J_1 seien die entsprechenden Größen im Einheitskreis. Es ist dann:

$$b = r \cdot \widehat{a}, \qquad s = r \cdot s_1, \qquad h = r \cdot h_1, \qquad J = r^2 \cdot J_1$$

$$\text{oder} \quad \frac{b}{r} = \widehat{a}, \qquad \frac{s}{r} = s_1, \qquad \frac{h}{r} = h_1, \qquad \frac{J}{r^2} = J_1. \tag{1}$$

In all diesen Gleichungen (1) steht links eine reine Zahl, da überall zwei Größen von der gleichen Dimension durcheinander dividiert werden; infolgedessen müssen auch die Größen rechts reine Zahlen sein, d. h. aber, von den in der Figur gezeichneten Linien, Flächen $\widehat{a}$, s_1, h_1 usw. kommen in den Gleichungen (1) nur die ihnen anhaftenden Maßzahlen in Betracht. Sofern wir also die Größen im Einheitskreis durch Multiplikation mit r oder r^2 einem andern Kreise anpassen wollen, haben wir sie als reine Zahlen aufzufassen. Dies ist in der Tabelle I in den Überschriften der einzelnen Kolonnen kenntlich gemacht. Die Tabelle der Bogenlängen ist mit $b : r$, die der Sehnen mit $s : r$ usw. überschrieben.

Die Berechnung der Tabelle I wird in einem andern Gebiete der Geometrie, der Trigonometrie, gezeigt. Schon Claudius Ptolemäus (um 150 n. Chr.), einer der berühmtesten griechischen Astronomen, berechnete eine Sehnentafel, die von 30 zu 30' fortschreitet.

§ 16. Übungen und Beispiele.

1. In ein Rechteck wird ein zweites Rechteck gezeichnet, dessen Seiten von denen des ersten den gleichen Abstand haben. Warum sind die Rechtecke nicht ähnlich? Zeichne ein ähnliches Rechteck. Sind zwei Dreiecke, deren Seiten gleichen Abstand voneinander haben, ähnlich?

2. Ein Rechteck hat die Seiten $a = 110{,}8$ m, $b = 62{,}3$ m. Zeichne das Rechteck im Maßstab $1 : 500$ (d. h. Linie der Zeichnung : Linie des Originals $= 1 : 500$). Mit wieviel gezeichneten Rechtecken könnte man das Original überdecken? (250 000.)

3. Seiten eines Vierecks: $a = 15$, $b = 20$, $c = 21$, $d = 18$ cm. Umfang u_1 eines ähnlichen Vierecks $= 40$ cm. Berechne seine Seiten. ($a_1 = 8{,}11$, $b_1 = 10{,}81$, $c_1 = 11{,}35$, $d_1 = 9{,}73$, $J : J_1 = 1 : 0{,}292 = 3{,}42 : 1$.)

Ebenso für ein Fünfeck: Ist $a = 20$, $b = 24$, $c = 26$, $d = 25$, $e = 19$ cm, $u_1 = 200$ cm, dann wird $a_1 = 35{,}09$, $b_1 = 42{,}11$, $c_1 = 45{,}61$, $d_1 = 43{,}86$, $e_1 = 33{,}33$ cm. $n = 1{,}7544$, $J : J_1 = 1 : 3{,}078$.

4. Ein gleichschenkliges Trapez hat die Parallelen $a = 50$ cm, $b = 20$ cm, die Höhe $h = 80$ cm. Es soll durch eine Parallele (x) zu den

Grundlinien in zwei ähnliche Trapeze zerlegt werden. Der Inhalt des größern der beiden Trapeze sei J_1, seine Höhe h_1, seine Diagonale d_1, entsprechende Bedeutung haben J_2, h_2 und d_2. Berechne die Größen x, J_1, J_2, h_1, h_2, d_1, d_2. Es wird

$$.x = \sqrt{ab} = 31{,}6 \text{ cm.}$$
$$J_1 : J_2 = a : b; \quad J_1 = ah : 2 = 2000, \quad J_2 = bh : 2 = 800 \text{ cm}^2.$$
$$h_1 = 49, \quad h_2 = 31, \quad d_1 = 63{,}8, \quad d_2 = 40{,}4 \text{ cm.}$$

Zeichne das Trapez im Maßstab $1:5$ und konstruiere $x = \sqrt{ab}$. Wie lang würde x, wenn die Höhe h viermal größer wäre?

5. Zeichne einen Kreis, dessen Inhalt 2-, 3-, 4 mal größer ist als der eines gegebenen Kreises.

6. Auf einem Kreise von 400 m Radius wird ein Bogen von 50 m Länge abgetragen. Welches sind die entsprechenden, d. h. zu gleichem Zentriwinkel α gehörigen Bogenlängen bei Kreisen von 420 bzw. 380 m Radius? (α soll nicht berechnet werden). 52,5, 47,5 m.

7. In einem **Kreisringsektor** (siehe Abb. 98) ist der äußere Bogen $B = 9{,}8$, der innere $b = 4{,}3$ und $r = 5$ cm. Berechne w. ($w = 6{,}4$ cm.)

Berechne aus B, b, w die Radien r und R. ($r = wb : (B - b)$, $R = wB : (B - b)$.)

Der mittlere Radius r_m sei 80, $B = 50$, $b = 40$ cm; berechne w. (17,78 cm.)

8. Der Inhalt eines **Kreissegments** beträgt 50 cm². Berechne den Inhalt eines ähnlichen Segments, wenn der Kreisradius 1,7-, 2,3-, 5,8 mal größer ist. (144,5, 264,5, 1682 cm².)

9. Die Inhalte irgend zweier ähnlicher Figuren sind 5,23 und 9,58 m². Wie verhalten sich entsprechende Linien? (1 : 1,353.)

10. Der Durchmesser einer **Welle** wird um 10, 15, 20, p % vergrößert, um wieviel Prozent vergrößert sich der Querschnitt?

$$21; \; 32{,}25; \; 44; \; p\left(2 + \frac{p}{100}\right)\% .$$

11. Der Inhalt eines **Kreises** soll um 10, 15, 20, p % vergrößert werden, um wieviel Prozent ist der Durchmesser zu vergrößern?

Lösung: Ist d der Durchmesser des alten, x der des neuen Kreises, dann ist für eine Vergrößerung um 10 %:

$$\frac{x^2 \cdot \pi}{4} = 1{,}1 \cdot \frac{d^2 \pi}{4}, \text{ daraus folgt } x = d\sqrt{1{,}1}.$$

Absolute Vergrößerung $= x - d = d(\sqrt{1{,}1} - 1)$.

Relative Vergrößerung $= \dfrac{x - d}{d} = \sqrt{1{,}1} - 1 = 1{,}0488 - 1$

$$= 0{,}0488 = 4{,}88 \%.$$

Die übrigen Resultate sind: 7,24, 9,545, $100\left(\sqrt{1 + \dfrac{p}{100}} - 1\right)\%$.

12. Ersetze in den Inhaltsformeln

$$J = gh; \quad r^2\pi; \quad \frac{a+b}{2} \cdot h; \quad \sqrt{s(s-a)(s-b)(s-c)}$$

jede Linie durch ihren n fachen Betrag und zeige, daß in jedem Falle der neue Inhalt $J_1 = n^2 J$ ist.

13. In ein Dreieck mit der Grundlinie a und der Höhe h (Abb. 144) ist ein Quadrat zu zeichnen, so daß zwei Ecken in a und die beiden anderen auf den anderen Seiten des Dreiecks liegen.

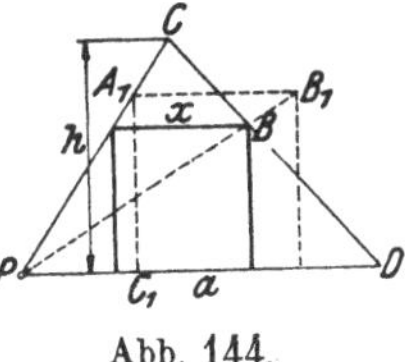
Abb. 144.

Lösung. Wähle A_1 auf PC beliebig, konstruiere das Quadrat mit der Seite $A_1 C_1$, verbinde P mit B_1, dann ist B eine Ecke des gesuchten Quadrates. Begründung: P ist das Perspektivzentrum zu den ähnlich liegenden Quadraten. PC, PB_1, PD sind Perspektivstrahlen. x hat die Länge $ah:(a+h)$.

14. Konstruiere

a) in ein Dreieck ein Rechteck, dessen Seiten sich wie $2:3$ verhalten;

b) in einen Kreissektor ($\alpha < 180°$) ein Quadrat, von dem zwei Ecken auf dem Kreisbogen und die übrigen auf den Begrenzungsradien liegen;

c) in einen gegebenen Kreis ein Rechteck, dessen Seiten sich wie $1:2$ verhalten;

d) in einen gegebenen Kreis ein Dreieck, dessen Seiten zu drei beliebig gegebenen Geraden parallel sind.

15. Zwei Kreise sind immer ähnlich und in ähnlicher Lage. Sie haben zwei Ähnlichkeitspunkte, die auf der Verbindungsgeraden der Mittelpunkte liegen. Zieht man in den Kreisen irgend zwei parallele und gleich gerichtete Radien, so geht die Verbindungslinie ihrer Endpunkte durch den einen, zieht man parallele Radien von entgegengesetzter Richtung, so geht die Verbindungslinie ihrer Endpunkte durch den andern Ähnlichkeitspunkt. — **Wenn** sich die Kreise ausschließen, so gehen durch diese Punkte die gemeinsamen Tangenten; berühren sich die Kreise, so fällt ein Ähnlichkeitspunkt in den Berührungspunkt.

Ein Kreis berührt einen andern von innen, sein Durchmesser sei gleich dem Radius des größern. Ziehe durch den Berührungspunkt mehrere Sehnen im größern Kreis. Warum werden diese Sehnen vom kleinern Kreis halbiert?

16. Tabelle der Sehnen, Pfeilhöhen, Kreisabschnitte. Man berechne mit Hilfe der Tabelle I zu einem Radius $r = 8$ cm und einem Zentriwinkel $\alpha = 50°$ die Sehne s, die Bogenhöhe h und den Inhalt J des Kreisabschnitts. Es ist $s = 6{,}76$, $h = 0{,}75$ cm, $J = 3{,}412$ cm².

Für $r = 72$ mm, $\alpha = 112°$ wird $s = 119{,}4$ mm, $h = 31{,}7$ mm, $J = 26{,}63$ cm².
Für $r = 15$ m, $\alpha = 28°$ wird $s = 7{,}257$ m, $h = 0{,}446$ m, $J = 2{,}162$ m².

17. Interpolation. Die Tabelle I enthält die Werte der Sehnen, Bogenhöhen und Kreisabschnitte nur von Grad zu Grad. Soll nun z. B. die „Sehne" s_1, die zum Zentriwinkel $\alpha = 50°\,24' = 50,4°$ berechnet werden, so beachte man, daß mit wachsendem Winkel auch die Sehne zunimmt. Wächst der Winkel von $50°$ auf $51°$, so nimmt nach der Tabelle die Sehne um $0,8610 - 0,8452 = 0,0158$ zu. Somit hat die Sehne, die zum Winkel $50,4°$ gehört, eine Länge von $0,8452 + 0,4 \cdot 0,0158 = 0,8452 + 0,0063 = \underline{0,8515}$. Zum bequemen Umrechnen der Minuten in Grade kann man sich der II. Tabelle bedienen.

Beispiele: Ist $\alpha = 12°\,36'$ $46°\,44'$ $100°\,10'$ $152°\,50'$,

so ist $s : r = 0,2194$ $0,7932$ $1,5340$ $1,9441$.

Ähnlich verfährt man, wenn zu einem Sehnenwert, der nicht in der Tabelle enthalten ist, der Winkel bestimmt werden soll. Es sei wieder $s_1 = 0,8515$. Nach der Tabelle liegt der Winkel zwischen $50°$ und $51°$. Der Unterschied der Tabellenwerte beträgt $0,8610 - 0,8452 = 0,0158$, der Unterschied zwischen dem kleineren Tabellenwert und dem gegebenen Wert s_1 beträgt $0,8515 - 0,8452 = 0,0063$. Das ist das $63 : 158 = 0,4$ fache von $0,0158$, somit ist der Winkel $\alpha = 50,4° = 50°\,24'$.

Beispiele: Zu $s : r = 0,5624$ $1,2700$ $1,6302$ $1,9372$,

gehört $\alpha = 32°\,40'$ $78°\,50'$ $109°\,12'$ $151°\,12'$.

Diese Art der Zwischenwertberechnung nennt man **Interpolation.** Trägt man in einem Koordinatensystem den Winkel α auf der Abszissenachse auf und errichtet als Ordinaten die zugehörigen Bogenlängen, Sehnen, Kreisabschnitte, so erhält man die in der Abb. 145 dargestellten Kurven. Zu den Punkten A und B gehören die Winkel $50°$ und $60°$ und die Sehnen $0,8452$ und $1,0000$. Bestimmt man aus diesen Werten durch Interpolation die Sehnenlänge, die dem Winkel $55°$ entspricht, so erhält man $(0,8452 + 1,0000) : 2 = 0,9226$. Die Tabelle liefert aber den Wert $0,9235$. Woher kommt dieser Fehler? Bei der besprochenen Zwischenwertberechnung denkt man sich das Kurvenstück zwischen

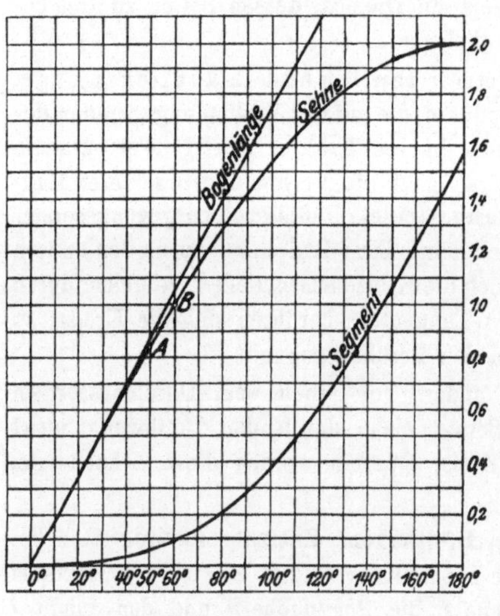

Abb. 145.

A und B ersetzt durch die Sehne, die die beiden Punkte miteinander verbindet. Errichtet man im Punkte $55°$ auf der Abszissenachse ein

Lot, so trifft es die Sehne AB im Abstande 0,9226, die Kurve aber im Abstande 0,9235. Will man nach der besprochenen Interpolationsmethode brauchbare Resultate erhalten, so müssen daher die Punkte A und B auf der Kurve so nahe beieinander gewählt werden, daß sich der Fehler, der aus der Interpolation resultiert, in der vierten Dezimalstelle noch nicht bemerkbar macht. Interpoliert man zwischen zwei aufeinanderfolgenden Tabellenwerten, so kann der berechnete Wert bei Sehnen und Bogenhöhen in der vierten Dezimalstelle höchstens um eine Einheit ungenau werden. Bei den Tabellen über die Kreisabschnitte dagegen, die fünf Dezimalstellen enthalten, macht sich der Fehler in der fünften Dezimalstelle stärker bemerkbar. Man soll daher den interpolierten Wert auf vier Dezimalstellen auf- oder abrunden. Warum liefert die Interpolation bei den Bogenlängen immer richtige Resultate?

18. $r = 20$ cm, $s = 8$ cm. $\alpha = ?$ ($s : r = 0,4000$, daher $\alpha = 23^\circ 4'$). $r = 30$ cm, $\alpha = 55^\circ 30' \cdot s = ?$ $h = ?$ $J = ?$ (27,94, 3,45 cm, 65,05 cm²).

19. $s = 40$ cm; $h = 5$ cm. Inhalt des Segments $= ?$ Man berechnet r zu 42,5 cm; daher ist $s : r = 40 : 42,5 = 0,9412$; $\alpha = \sim 56^\circ 10'$; daher $J = 135,1$ cm². Die Trigonometrie lehrt bessere Berechnungsmethoden. Man vergleiche die Werte: $\dfrac{2}{3} sh = 133$; $\dfrac{2}{3} sh + \dfrac{h^3}{2s} = 134,9$; J nach der Trigonometrie $= 135,0$ cm².

20. Die Peripherie eines Kreises von 20 cm Radius soll in 25 gleiche Teile zerlegt werden. Welche Sehne muß man in den Zirkel nehmen? (5,014 cm.)

21. Konstruktion eines Winkels mit Hilfe der Sehnentafeln (Abb. 146). Es soll z. B. ein Winkel von 35° konstruiert werden. Nach.der Tabelle ist die entsprechende Sehne im Einheitskreis 0,6014. In einem Kreise von 10 cm Radius ist die Sehne daher 6,014 cm. Die weiteren Erklärungen gibt die Abbildung. Zeichne die Winkel 20°; 48°; 84° 30'; 141° (Supplementwinkel!). Bestimme die Größe eines gezeichnet vorliegenden Winkels.

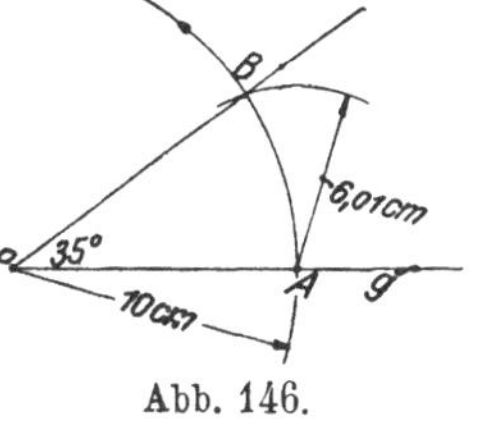

Abb. 146.

22. Zeichne ein rechtwinkliges Dreieck $a = 12$; $b = 16$ cm und bestimme aus der Zeichnung seine Winkel. $\alpha = \sim 36^\circ 50'$; $\beta = \sim 53^\circ 10'$.

23. Bestimme mit Hilfe der Sehnentabelle und der Tabelle über Kreisabschnitte die Seite und den Inhalt eines regelmäßigen n-Ecks, das einem Kreise mit dem Radius r einbeschrieben werden kann:

$$n = 5 \qquad s = 1,1756\,r \qquad J = 2,3776\,r^2,$$
$$n = 8 \qquad s = 0,7654\,r \qquad J = 2,8284\,r^2,$$
$$n = 9 \qquad s = 0,6840\,r \qquad J = 2,8925\,r^2,$$
$$n = 10 \qquad s = 0,6180\,r \qquad J = 2,9389\,r^2,$$
$$n = 12 \qquad s = 0,5176\,r \qquad J = 3,0000\,r^2.$$

§ 17. Die Ähnlichkeit und der Kreis.

1. Aus den drei Seiten eines Dreiecks den Radius des Umkreises zu berechnen. In Abb. 147 ist $2R$ der Durchmesser des Umkreises. Die schraffierten Dreiecke sind ähnlich! Daraus folgt:

$$h : c = b : 2R \quad \text{oder} \quad h = \frac{bc}{2R},$$

der Inhalt J des Dreiecks ist:

$$J = \frac{a}{2} \cdot h = \frac{a}{2} \cdot \frac{bc}{2R} = \frac{abc}{4R},$$

somit ist:
$$R = \frac{abc}{4J}. \qquad \text{(Dimension!)}$$

Siehe § 9, Aufgabe 39; § 7, Aufgabe 16.

Für $a = b = c$ wird $R = \frac{a}{3}\sqrt{3} = \frac{2}{3}$ der Höhe des gleichseitigen Dreiecks.

Ist $a = 6{,}5$, $b = 7$, $c = 7{,}5$ cm, dann ist $R = 4{,}06$ cm.

Ist $a = 51$, $b = 52$, $c = 53$ mm, dann ist $R = \sim 30$ mm.

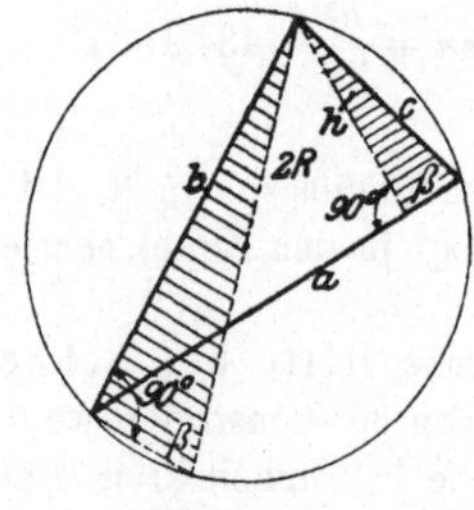

Abb. 147.

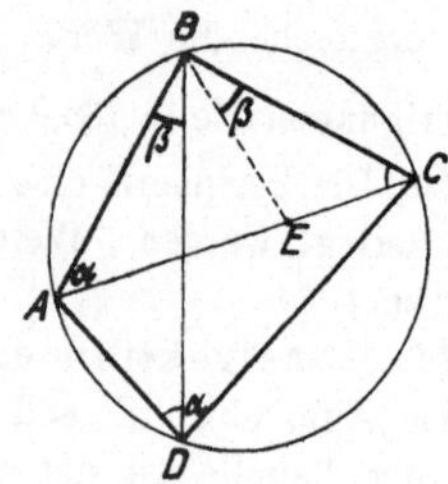

Abb. 148.

2. Satz des Ptolemäus über das Kreisviereck. Wir machen in Abb. 148 $\sphericalangle EBC = \sphericalangle ABD = \beta$, dann sind die Dreiecke ABD und EBC ähnlich, warum? Daraus folgt:

$$\frac{EC}{BC} = \frac{AD}{BD} \quad \text{oder} \quad EC = BC \cdot \frac{AD}{BD}. \tag{1}$$

Auch die Dreiecke AEB und BCD sind ähnlich. Daher gilt:

$$\frac{AE}{AB} = \frac{CD}{BD} \quad \text{oder} \quad AE = AB \cdot \frac{CD}{BD}. \tag{2}$$

Durch Addition von (1) und (2) folgt:

$$AE + EC = AC = \frac{BC \cdot AD + AB \cdot CD}{BD}$$

und hieraus durch Multiplikation mit BD:

$$AC \cdot BD = BC \cdot AD + AB \cdot DC, \tag{3}$$

d. h.: In jedem Sehnenviereck ist das Produkt beider Diagonalen gleich der Summe der Produkte je zweier Gegenseiten.

Was wird aus (3) für ein Rechteck? Quadrat? gleichschenkliges Trapez?

3. Sehnensatz (Abb. 149). Die Dreiecke APC und BPD sind ähnlich! Warum? Daraus folgt $PA : PO = PD : PB$ oder

$$PA \cdot PB = PC \cdot PD$$

Hält man AB fest und zieht durch P eine dritte Sehne $C_1 D_1$, dann wird auch $PC_1 \cdot PD_1 = PA \cdot PB$ usf.

Zieht man durch einen beliebigen Punkt im Innern eines Kreises mehrere Sehnen, so hat für jede Sehne das Produkt der Abschnitte den gleichen Wert.

Ist a der Abstand des Punktes P vom Mittelpunkt des Kreises, r der Radius, dann ist der Wert des Produkts: $r^2 - a^2$! Prüfe den Satz an einem gezeichneten Kreis. Man wähle AB als Durchmesser und $CD \perp AB$; man erhält Satz 4 über das rechtwinklige Dreieck.

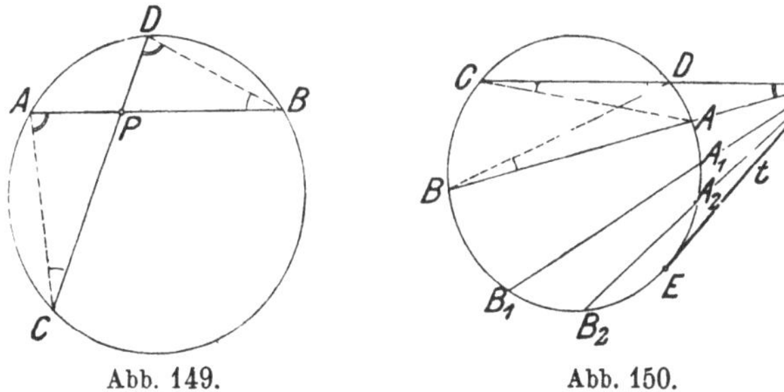

Abb. 149.　　　　Abb. 150.

4. Der Sekantensatz (Tangentensatz) Abb. 150. PC und PB sind zwei beliebige Sekanten. Die Dreiecke PAC und PBD sind ähnlich! Daraus folgt $PA : PC = PD : PB$ oder:

$$PA \cdot PB = PC \cdot PD,$$

d h.: **Zieht man durch einen beliebigen Punkt außerhalb eines Kreises mehrere Sekanten, so hat für jede Sekante das Produkt der Abschnitte (von P aus gemessen) den gleichen Wert.** $(a^2 - r^2.)$

Dreht man die Sekante PB um P in die Stellungen PB_1, PB_2 bis schließlich nach PE, dann ist $PA \cdot PB = PA_1 \cdot PB_1 = PA_2 \cdot PB_2 = (PE)^2 = t^2$ oder:

$$t = \sqrt{PA \cdot PB}. \tag{1}$$

Die Tangente ist das geometrische Mittel der vom gleichen Punkt P aus gemessenen Sekantenabschnitte. Mit Hilfe von (1) kann man das geometrische Mittel zu zwei Strecken a und b auf eine dritte Art konstruieren. Ist etwa $a > b$, dann trage man auf einer Geraden a und b vom gleichen Punkte P aus in der gleichen Richtung ab; zeichne irgend einen Kreis, der durch die Endpunkte der

Strecke $a - b$ geht. Die Tangenten an den Kreis von P aus haben die Längen $\sqrt{ab}$.

1. **Aufgabe:** Man zeichne einen Kreis, der eine Gerade g berührt und durch zwei Punkte A und B geht.

Anleitung: Verlängere die Strecke AB bis zum Schnitt P mit g; $t = \sqrt{PA \cdot PB}$. Es gibt im allgemeinen zwei Kreise.

2. **Aufgabe:** $ABCD$ seien die Ecken eines Rhombus mit der Seite a. Wähle auf der Diagonale AC einen beliebigen Punkt P. Es sei $PB = b$. Beweise: $PA \cdot PC = a^2 - b^2$. (Anleitung: Schlage um B den Kreis mit dem Radius a; ziehe den Durchmesser durch P.)

$PA \cdot PC$ ist $b^2 - a^2$, wenn P auf der Verlängerung der Diagonale AC liegt.

5. Stetige Teilung einer Strecke[1]). Eine Strecke heißt stetig geteilt, wenn sich der kleinere Abschnitt zum größern verhält wie der größere zur ganzen Strecke.

Ist a die ganze Strecke, x der größere Abschnitt, also $a - x$ der kleinere, so gilt die Proportion:

$$(a - x) : x = x : a. \tag{1}$$

Berechnung des größeren Abschnitts. Aus (1) folgt

$$x^2 = a(a - x) = a^2 - ax \quad \text{oder} \quad x^2 + ax = a^2.$$

Fügt man auf beiden Seiten $\dfrac{a^2}{4}$ hinzu, so erhält man:

$$x^2 + ax + \frac{a^2}{4} = a^2 + \frac{a^2}{4}$$

oder:
$$\left(x + \frac{a}{2}\right)^2 = \frac{5a^2}{4},$$

somit:
$$x + \frac{a}{2} = \frac{a}{2}\sqrt{5}$$

oder:
$$x = \frac{a}{2}(\sqrt{5} - 1) = 0{,}618\,a. \tag{2}$$

Die Konstruktion des größeren Abschnitts ist in Abb. 151 enthalten. Man beweise, daß sich aus der Konstruktion für x der Wert (2) ergibt. — Die stetige Teilung kann verwendet werden bei der

6. Konstruktion eines regelmäßigen Zehn- und Fünfecks. Jedes regelmäßige Zehneck läßt sich in 10 kongruente gleichschenklige Dreiecke mit den Winkeln 36°, 72°, 72° zerlegen (Abb. 152).

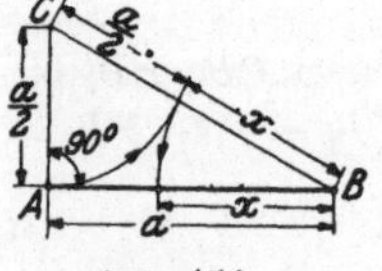

Abb. 151.

Die Halbierungslinie eines Basiswinkels zerlegt ein solches Dreieck in zwei gleichschenklige Dreiecke, von denen das an der Basis s liegende dem ganzen Dreieck ähnlich ist.

---

[1]) Statt „stetiger Teilung" sagt man auch „Teilung nach dem goldenen Schnitt".

Aus der Ähnlichkeit dieser Dreiecke folgt:

$$(r - s) : s = s : r.$$

Nun ist $MA = r$ und diese Proportion sagt aus, daß r stetig geteilt, daß also die Zehneckseite s der größere Abschnitt des stetig geteilten Radius ist. Daraus folgt nach Abschnitt 5, daß

$$s_{10} = \frac{r}{2}(\sqrt{5} - 1)$$

ist, sowie die in Abb. 153 (oben rechts) ausgeführte Konstruktion der Zehneckseite. Vgl. hiermit Abb. 151. Damit ist auch eine Konstruktion eines regelmäßigen Fünfecks gewonnen. Abb. 153 zeigt (rechts unten), wie man die Fünfeckseite s_5 auch unmittelbar konstruieren könnte. Wir verzichten auf die Begründung der Konstruktion.

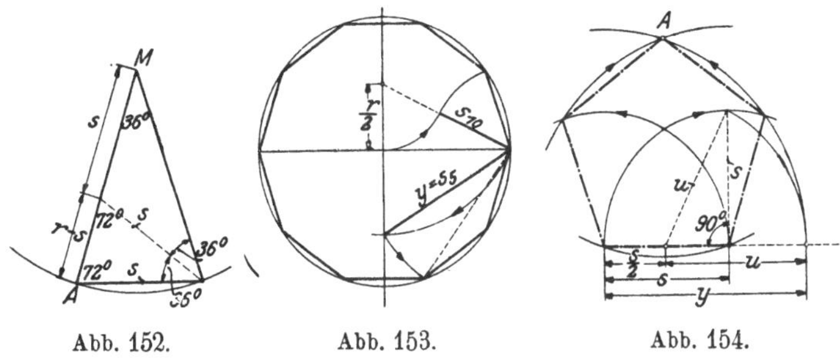

Abb. 152.   Abb. 153.   Abb. 154.

Ist nicht der Kreis, sondern die Fünfeckseite gegeben, so läßt sich das Fünfeck auch auf einfache Weise konstruieren. Zieht man in einem Fünfeck zwei von einer Ecke ausgehende Diagonalen, so entsteht ein gleichschenkliges Dreieck mit den Winkeln 36°, 72°, 72°. Die Diagonalen d sind die Schenkel und die Fünfeckseite s ist die Grundlinie. Daher ist

$$s_5 = \frac{d}{2}(\sqrt{5} - 1).$$

Löst man diese Gleichung nach d auf, so erhält man:

$$d = \frac{s}{2}(\sqrt{5} + 1). \tag{1}$$

Dieser Ausdruck läßt sich leicht konstruieren (Abb. 154). Aus der Figur folgt:

$$u = \sqrt{s^2 + \left(\frac{s}{2}\right)^2} = \sqrt{\frac{5s^2}{4}} = \frac{s}{2}\sqrt{5},$$

somit ist

$$y = u + \frac{s}{2} = \frac{s}{2}\sqrt{5} + \frac{s}{2} = \frac{s}{2}(\sqrt{5} + 1).$$

Das ist aber der Ausdruck (1), d. h. y ist die Länge einer Diagonale des Fünfecks mit der Seite s. Die weitere Konstruktion lehrt die Figur.

— Schlägt man um A einen Kreis, der durch die Endpunkte von s geht, so kann man auf diesem Kreise s zehnmal abtragen, wie man leicht einsehen wird.

____

7. Es gibt einige gute **Näherungskonstruktionen für beliebige regelmäßige Vielecke.** Die in Abb. 155 gegebene Konstruktion stammt von **Herzog Karl Bernhard zu Sachsen-Weimar-Eisenach.** Man teilt den Durchmesser AB in n gleiche Teile, macht $CD = AE = \dfrac{1}{n} AB$, zieht ED und verbindet G mit dem dritten Teilpunkt auf AB. $G\,3$ ist mit sehr großer Annäherung die Seite s_n des regelmäßigen n-Ecks. Zeichne hiernach ein regelmäßiges Siebeneck. s_7 ist übrigens in großer Annäherung auch gleich $\dfrac{1}{2} s_3$, was schon dem deutschen Maler **Dürer** bekannt war.

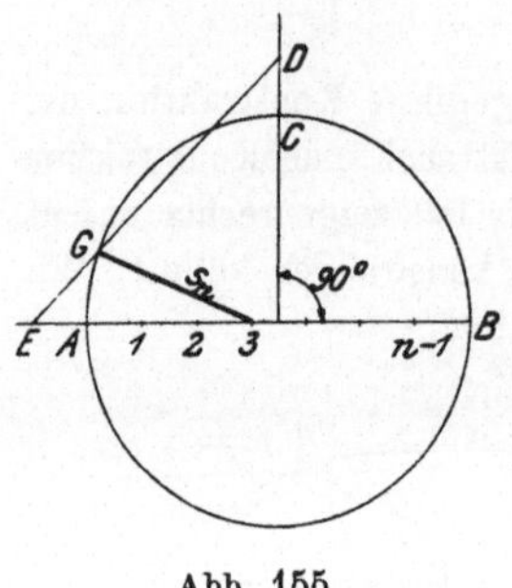

Abb. 155.

§ 18. Affine Figuren.

Wir beginnen die Entwicklungen dieses Paragraphen mit einer aus der Raumgeometrie entnommenen Vorstellung. (Abb. 156.)

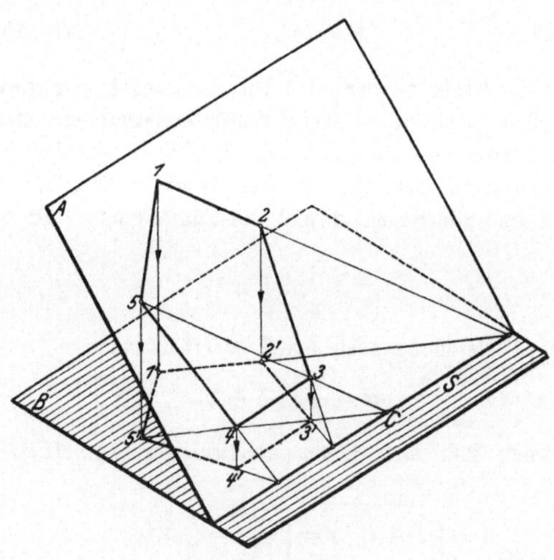

Abb. 156.

Man denke sich auf einer Glasplatte A, die mit der Kante s auf einem Tisch B ruht, ein Fünfeck gezeichnet. Das von oben kommende Sonnenlicht entwirft auf dem Tisch ein Schattenbild $(1'\ 2'\ 3'\ 4'\ 5')$

des Fünfecks in A. Wir können dieses Fünfeck auch als die Projektion des in A liegenden Fünfecks auffassen; die Richtung der Sonnenstrahlen $1\,1'$, $2\,2'$ ... ist die Projektionsrichtung. Jedem Punkte in A wird ein Punkt in B durch die Sonnenstrahlen zugeordnet und es ist wohl einleuchtend, daß der Schatten der Geraden 5, 3, C wieder eine Gerade $5'\,3'\,C$ ist. Ebenso treffen sich irgendwelche entsprechende Seiten der beiden Fünfecke (z. B. $5\,4$ und $5'\,4'$) im gleichen Punkte der Geraden s.

Sehen wir nun von der räumlichen Vorstellung ab und betrachten wir die beiden Fünfecke lediglich als zwei in der nämlichen Papierebene gezeichnete Figuren, dann erkennen wir den folgenden charakteristischen Zusammenhang:

a) Die Verbindungslinien entsprechender Punkte sind parallel ($1\,1'\,|\,2\,2'\,|\,3\,3'\ldots$).

b) Entsprechende Gerade oder ihre Verlängerungen treffen sich auf der gleichen Geraden s ($2\,3$ und $2'\,3'$; $5\,3$ und $5'\,3'\ldots$)

Ebene Figuren, die in diesem geometrischen Zusammenhang stehen, nennen wir nun „affine Figuren". Die Bezugsgerade s heißt die Affinitätsachse und die parallelen Strahlen ($1\,1'$; $2\,2'$; $3\,3'\ldots$) bestimmen die Affinitätsrichtung.

Wir können die zwei Sätze (a und b) nun geradezu als eine Methode zur Ableitung neuer Figuren aus gegebenen verwerten. Es sei z. B. in der Abb. 157 das Dreieck ABC und die Bezugsgerade s, also die Affinitätsachse, gegeben. Wir wollen zu diesem Dreieck ein affines Dreieck $A_1 B_1 C_1$ zeichnen, von dem wir einen Punkt, etwa A_1, ganz willkürlich festlegen. Nach Satz a ziehen wir durch B und C die Parallelen zu $A A_1$.

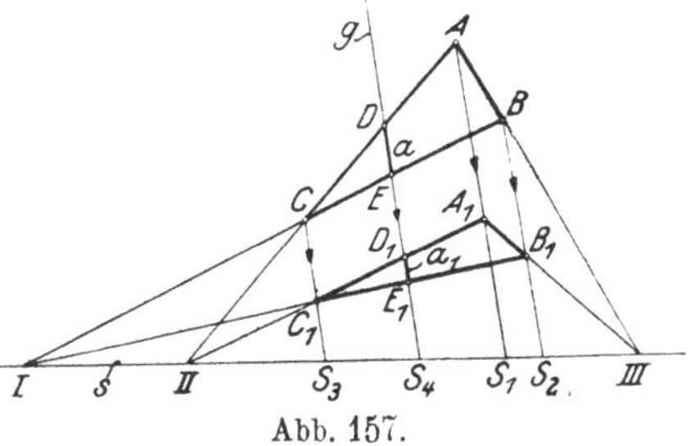

Abb. 157.

Nach Satz b ziehen wir AC bis II, verbinden A_1 mit II und erhalten C_1. Wir verlängern AB bis III, ziehen $A_1\,III$ und erhalten B_1. $A_1 B_1 C_1$ sind die Ecken des affinen Dreiecks.

Welches ist nun der rechnerische Zusammenhang zwischen affinen Figuren? — Wir betrachten die Abb. 158. Es sei g_1 die affine Gerade zu g und s die Affinitätsachse. Auf Grund ähnlicher Dreiecke erkennt man leicht

$$\frac{A_1 S_1}{A S_1} = \frac{B_1 S_2}{B S_2} = \frac{C_1 S_3}{C S_3} = n,$$

worin n den gemeinsamen Wert der drei Brüche bezeichnet. Man nennt n das Affinitätsverhältnis. Es ist $A_1 S_1 = n \cdot A S_1$; $B_1 S_2 = n \; B S_2$; $C_1 S_3 = n \cdot C S_3$. Die drei Strecken $A S_1$, $B S_2$, $C S_3$ sind also im gleichen Verhältnis verkürzt worden. Liegen die drei Punkte ABC in einer Geraden g, so liegen auch die drei Punkte $A_1 B_1 C_1$ in einer Geraden g_1, und g und g_1 treffen sich in einem Punkte G auf s. — Kehren wir nun zur Abb. 157 zurück. Wir hätten die Punkte $B_1 C_1$, nachdem A_1 gewählt worden ist, offenbar so durch Rechnung bestimmen

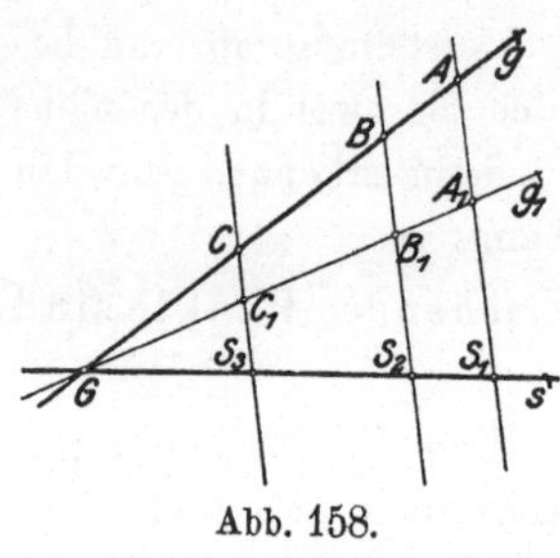

Abb. 158.

können; durch Messung finden wir $A S_1 = 2{,}55$ cm; $A_1 S_1 = 1{,}1$ cm; somit ist $n = 1{,}1 : 2{,}55 = 0{,}432$, daher $B_1 S_2 = 0{,}432 \cdot B S_2$ und $C_1 S_3 = 0{,}432 \cdot C S_3$, wodurch B_1 und C_1 ebenfalls festgelegt sind. Aus der Gleichheit der Verhältnisse $B_1 S_2 : B S_2$ und $C_1 S_3 : C S_3$ folgt, daß sich auch die Geraden BC und $B_1 C_1$ in einem Punkte I auf s treffen müssen. Demnach

Satz 1. In zwei affinen Figuren ist das Verhältnis (n) der auf dem gleichen Affinitätsstrahl liegenden Strecken, von den affinen Punkten bis zur Affinitätsachse s gemessen, für alle entsprechenden Punkte der Figuren konstant.

Ist g (Abb. 157) ein beliebiger Strahl in der Affinitätsrichtung und sind a und a_1 zwei entsprechende in den Figuren liegende Abschnitte von g, so ist leicht zu zeigen, daß auch $a_1 = n \cdot a$ ist.

In welchem Verhältnis stehen nun die Flächeninhalte affiner Figuren? — Da die beiden Dreiecke ABC und $A_1 B_1 C_1$ zwischen den beiden Parallelen BB_1 und CC_1 liegen, so verhalten sich ihre Flächen nach Aufgabe 19, § 7, wie die in den Dreiecken liegenden Abschnitte auf dem Affinitätsstrahl durch A und A_1. Diese verhalten sich aber wie $1 : n$, somit

Satz 2. Konstruiert man zu einer Figur eine affine, so findet man den Inhalt J_1 der zweiten, indem man den

Inhalt J der ersten mit dem Affinitätsverhältnis multipliziert. $J_1 = n \cdot J.$

In den folgenden Abbildungen ist immer eine Figur als gegeben zu betrachten; die Affinitätsachse und ein Punkt $1'$ von der neukonstruierten affinen Figur (strichpunktiert) sind beliebig gewählt worden. In der Abb. 159 liegt die Affinitätsachse zwischen

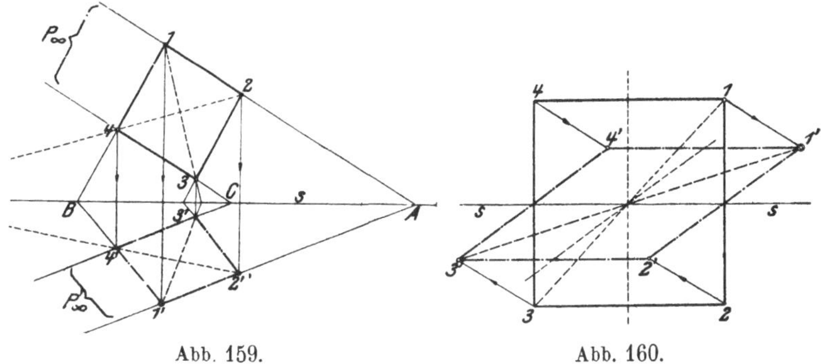

Abb. 159.　　　　　　Abb. 160.

den beiden Figuren. Dem Quadrat 1 2 3 4 entspricht ein Parallelogramm $1' 2' 3' 4'$. In der Abb. 160 schneidet die Affinitätsachse das Quadrat 1 2 3 4 und das ihm entsprechende Parallelogramm $1' 2' 3' 4'$ in den gleichen Punkten.

Satz 3. Die Schnittpunkte einer Figur mit der Affinitätsachse gehören auch zur affinen Figur; d. h. diese Punkte entsprechen sich selbst.

Satz 4. Parallelen Geraden einer Figur entsprechen in einer dazu affinen Figur wieder parallele Gerade.

Aus der Abb. 161 folgt unmittelbar

Satz 5. Gleichen Strecken (a) auf einer Geraden oder auf parallelen Geraden entsprechen in der affinen Figur wieder unter sich gleiche Abschnitte (a') auf den affinen Geraden.

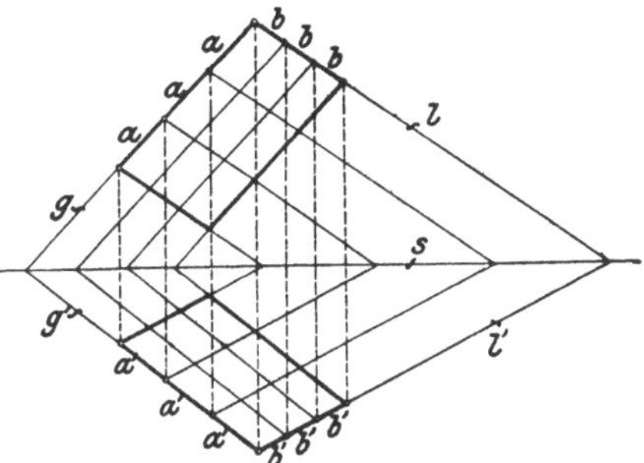

Abb. 161.

Nach diesem Satze entspricht also einer regelmäßigen Teilung einer Strecke wieder eine regelmäßige Teilung auf der affinen

Strecke, insbesondere gehen Halbierungen von Strecken auch in die affinen Figuren über. Die Winkel dagegen verändern sich im allgemeinen.

In der Abb. 162 wird noch auf eine besondere Art affiner Figuren aufmerksam gemacht. Die Strahlen 1 1', 2 2', 3 3', 4 4' werden durch die Affinitätsachse halbiert. Man nennt solche Figuren

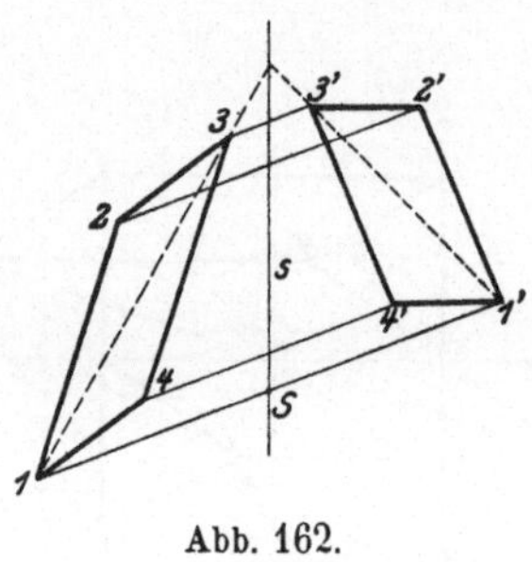
Abb. 162.

schief symmetrisch. Da $n = 1$ ist, sind beide Parallelogramme nach Satz 2 inhaltsgleich. Die Figuren sind nicht kongruent wie die orthogonalsymmetrischen, wohl aber flächengleich.

Die affinen Figuren nehmen eine Mittelstellung zwischen kongruenten und ähnlichen Figuren ein. Konstruiert man zu einer Figur eine ähnliche, so wird die Figur gleichsam nach zwei Richtungen in gleichem Maße gestreckt oder verkürzt und es ist $J_1 = n^2 \cdot J$. Bei affinen Figuren erfolgt die Streckung oder Verkürzung nur nach einer Richtung und es ist $J_1 = n \cdot J$.

In den Abb. 159—162 sind die Figuren durch s verbunden in „affiner Lage". Verschiebt man eine der beiden Figuren in der Ebene, so wird die affine Lage aufgehoben. Die Eigenschaften (a und b) sind im allgemeinen nicht mehr vorhanden. Die Figuren werden aber auch in der verschobenen Lage noch affin genannt; die Sätze 2, 4, 5 gelten unverändert weiter.

Die geometrische Verwandtschaft, die wir in diesem Paragraphen unter dem Namen Affinität besprochen haben, wird dem Lernenden in der darstellenden Geometrie, der Stereometrie und der graphischen Statik oft begegnen. Wir benutzen die Affinität in den folgenden Paragraphen hauptsächlich zum Studium der Eigenschaften der Kegelschnitte.

§ 19. Die Ellipse.

1. **Mittelpunkt, Durchmesser, Achsen, Scheitel einer Ellipse.** Wir stellen uns die Aufgabe, zu dem in Abb. 163 gezeichneten Kreise eine affine Figur zu konstruieren. Wir wählen den horizontalen Durchmesser AB als Affinitätsachse s und CD als Affinitätsrichtung. Der Punkt C_1 möge der entsprechende zu dem Kreispunkt C sein. Um zu einem beliebigen andern Kreispunkt P den

affinen Punkt P_1 zu finden, verlängern wir CP bis R auf s, ziehen C_1R und erhalten im Schnittpunkt mit PS den Punkt P_1. Wenn man diese Konstruktion für verschiedene Punkte ausführt und die Punkte durch eine Kurve verbindet, so erhält man eine Ellipse. Eine Ellipse ist also eine affine Figur eines Kreises. Zwei entsprechende Punkte des Kreises und der Ellipse liegen in einem Lote zur Affinitätsachse s.

In Abb. 163 ist $P_1S : PS = 0{,}5$. Wir können beliebige Ellipsenpunkte P_1 demgemäß auch finden, indem wir $P_1S = 0{,}5\ PS$ machen. In Abb 164 sind mehrere halbe Ellipsen aus dem gleichen Halbkreis abgeleitet; es ist

$$P_1S = 0{,}5 \cdot PS;\quad P_2S = 1{,}5 \cdot PS;\quad P_3S = 2 \cdot PS.$$

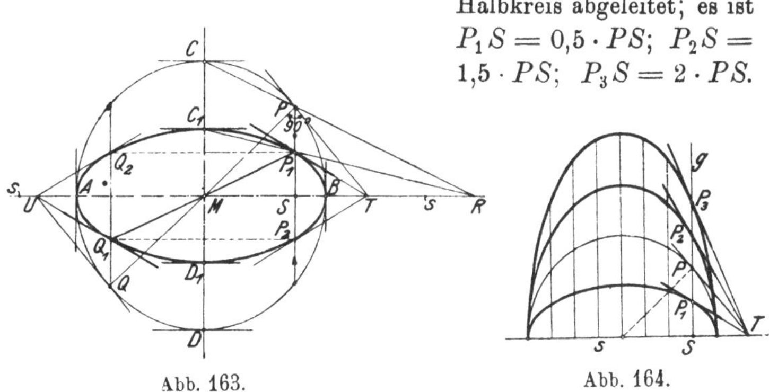

Abb. 163.   Abb. 164.

Aus den Eigenschaften des Kreises ergeben sich auf Grund von § 18 Eigenschaften der Ellipse.

Jedem durch M (Abb. 163) gehenden Kreisdurchmesser (PQ) entspricht eine durch M gehende Sehne (P_1Q_1) der Ellipse und es ist $P_1M = MQ_1$. M heißt Mittelpunkt der Ellipse, jede durch M gehende Sehne heißt Durchmesser. Die Ellipse ist, wie der Kreis, in bezug auf den Punkt M zentrisch symmetrisch.

Jeder Kreistangente entspricht eine bestimmte Ellipsentangente. Entsprechende Tangenten treffen sich auf der Affinitätsachse. (PT und P_1T.) Die Kreistangenten PT und QU sind parallel, daraus folgt: Die Tangenten in den Endpunkten eines Ellipsendurchmessers sind parallel zueinander.

AB ist der größte Durchmesser; AB heißt die große Achse der Ellipse; sie ist gleich dem Durchmesser des umbeschriebenen Kreises. Ist a der Radius dieses Kreises, so hat AB die Länge $2a$. $MA = MB = a = $ große Halbachse.

$C_1 D_1$ ist der kleinste Durchmesser; man bezeichnet ihn mit $2b$. $C_1 D_1$ heißt die **kleine Achse**. $MC_1 = MD_1 = b = $ kleine Halbachse. Die beiden Achsen der Ellipse stehen aufeinander senkrecht; sie entsprechen den aufeinander senkrecht stehenden Durchmessern AB und CD des Kreises.

Die Punkte $ABC_1 D_1$ heißen die **Scheitel** der Ellipse. Die Ellipse ist, wie man leicht erkennt, in bezug auf die Achsen orthogonal symmetrisch. Aus einem beliebigen Punkte P_1 ergeben sich durch Spiegelung an den Achsen drei weitere Punkte $P_2 Q_1 Q_2$. Auch die Tangenten in diesen vier Punkten liegen zu den Achsen symmetrisch, je zwei schneiden sich auf den verlängerten Achsen.

2. Konstruktion der Ellipse mit Hilfe der Scheitelkreise. Sind die Achsen einer Ellipse gegeben, so läßt sie sich mit Hilfe der um den Mittelpunkt geschlagenen Kreise mit den Radien a und b sehr einfach konstruieren. Siehe Abb. 165. Man zieht irgendeinen Durchmesser PQ des Kreises, zieht durch P und Q Parallele zur kleinen, durch E und H Parallele zur großen Achse. Die Schnittpunkte P_1 und Q_1 sind Punkte der Ellipse.

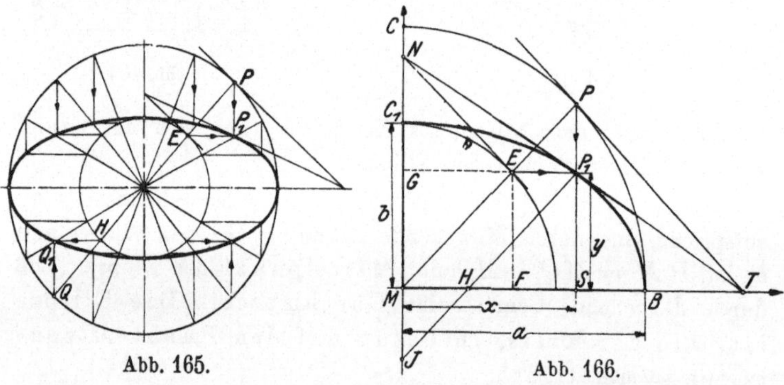

Abb. 165.   Abb. 166.

Beweis. In Abb. 166 ist ein Viertel der Ellipse gezeichnet. Wir fassen M als Anfangspunkt eines Koordinatensystems, MB und MC als Koordinatenachsen auf; der Ordinate CM des Kreises entspricht die Ordinate $C_1 M$ der Ellipse. Da nun $CM = BM = a$ und $C_1 M = b$ ist, so ist das Affinitätsverhältnis $C_1 M : CM = b : a$. Demnach erhält man sämtliche Ordinaten der Ellipsenpunkte, indem man die Ordinaten der entsprechenden Kreispunkte mit $\dfrac{b}{a}$ multipliziert. Die oben gegebene Konstruktion ist als richtig erwiesen, wenn sich aus ihr für $P_1 S$ der Wert $\dfrac{b}{a} \cdot PS$ ergibt.   Nun ist EP_1 immer parallel MS; daher gilt nach § 12 die Proportion: $P_1 S : PS = ME : MP = b : a,$

somit ist
$$\boldsymbol{P_1 S = y = \frac{b}{a} \cdot PS.} \tag{1}$$

Die Abb. 166 zeigt uns noch eine merkwürdige Beziehung der Ellipse zum kleinen Kreis. Aus der Ähnlichkeit der Dreiecke EMF und PMS folgt $MS : MP = MF : ME$, oder, da $MS = x = P_1 G$, $MP = a$, $ME = b$ und $MF = GE$ ist,

$$x : a = GE : b$$

oder
$$\boldsymbol{P_1 G = x = \frac{a}{b} \cdot GE.} \tag{2}$$

Diese Gleichung sagt aus: Schneidet man die Ellipse und den kleinen Kreis durch eine beliebige horizontale Linie $(P_1 G)$, so ist die Abszisse $P_1 G (= x)$ des Ellipsenpunktes immer das $\dfrac{a}{b}$ fache der Abszisse GE des entsprechenden Kreispunktes. Die Abszissen des kleinen Kreises werden im Verhältnis $a : b$ vergrößert. Die Ellipse ist demnach die affine Figur des umbeschriebenen und zugleich die affine Figur des einbeschriebenen Kreises. Im ersten Falle ist die große Achse, im zweiten die kleine die Affinitätsachse. Die Ellipse entsteht also gleichsam durch Zusammendrücken des großen Kreises in vertikaler oder durch Dehnung, Streckung des kleinen Kreises in horizontaler Richtung. (Abb. 167.)

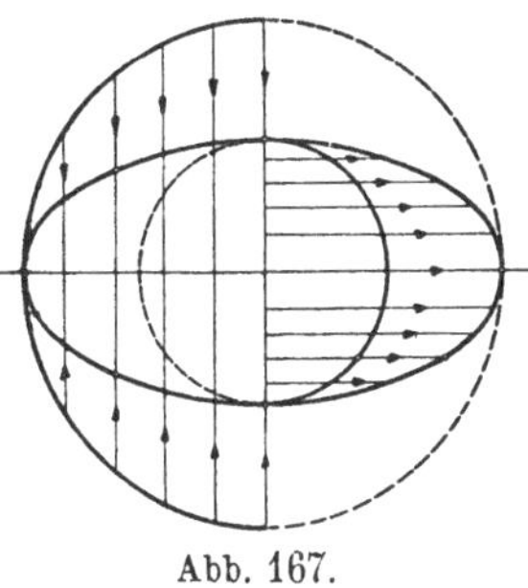

Abb. 167.

Diese Tatsache kann mit Vorteil bei der Konstruktion der Tangenten verwertet werden. Die Tangente in P_1 (siehe Abb. 166) ist sowohl die affine Gerade zur Kreistangente PT als auch zur Kreistangente EN. Die Punkte $TP_1 N$ liegen in der Ellipsentangente. Für Punkte nahe bei den Endpunkten der großen Achse wird die Tangente an die Ellipse mit Hilfe des Umkreises, für solche nahe bei den Endpunkten der kleinen Achse mit Hilfe des Inkreises konstruiert. (Siehe auch Abb. 165.)

Aus der Abb. 166 läßt sich leicht eine andere einfache Konstruktion der Ellipse ableiten. Wir ziehen durch P_1 zu PM die Parallele $P_1 J$, dann ist $PM = P_1 J = a$ und $P_1 H = EM = b$. Somit ist $HJ = a - b$ und $JP_1 = a$. Trägt man auf dem Rande eines geradlinig begrenzten Papierstreifens die Strecken $JH = a - b$ und $JP_1 = a$ ab, und bewegt man den Papierstreifen so, daß H längs der x-Achse und J längs der y-Achse gleitet, so beschreibt der Punkt P_1 eine Ellipse mit den Halbachsen a und b. Auf diese Eigenschaften stützen sich die in den Handel kommenden Ellipsenzirkel.

———

Zieht man die Tangenten in den vier Scheitelpunkten einer Ellipse, so entsteht ein Rechteck. (Abb. 168.) Die Ellipse berührt jede Seite in der Mitte. Von besonderer Wichtigkeit für das richtige Zeichnen einer Ellipse sind die Punkte, die auf den Diagonalen dieses Rechtecks liegen, wir nennen sie kurz „Diagonalpunkte". Dem Rechteck $A_1 B_1 C_1 D_1$ um die Ellipse entspricht das Quadrat $ABCD$ um den Kreis. Den Diagonalen BD und AC des Quadrats entsprechen die Diagonalen $B_1 D_1$ und $A_1 C_1$ des Rechtecks. Dem Punkte P entspricht der Punkt P_1.

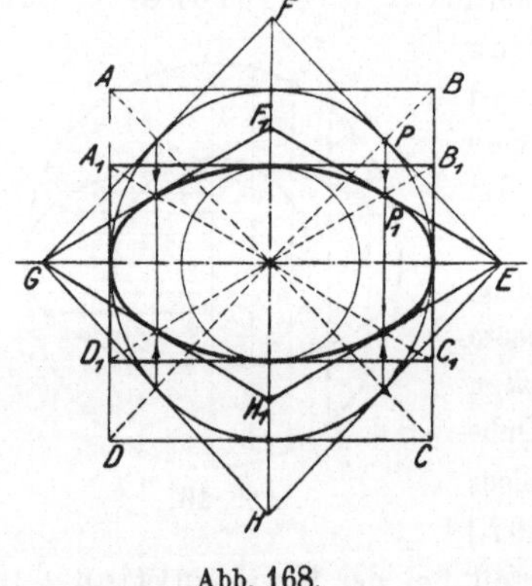

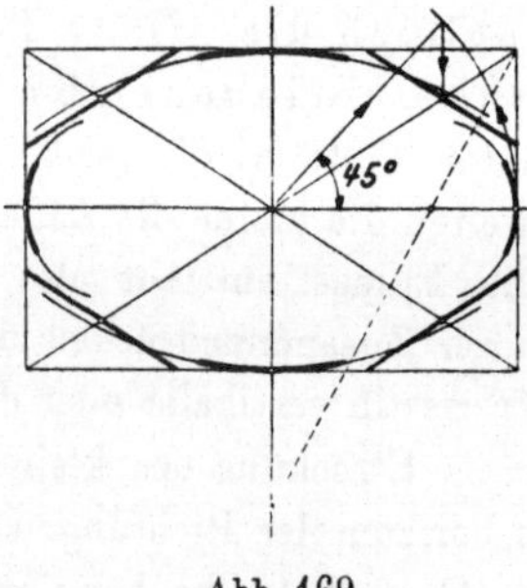

Abb. 168.   Abb. 169.

Die Tangente in P ist parallel zur Diagonale AC des Quadrats, daher ist die Tangente in P_1 parallel zur Diagonale $A_1 C_1$ des Rechtecks. Die Tangenten in den „Diagonalpunkten" sind parallel den Diagonalen des Rechtecks $A_1 B_1 C_1 D_1$.

Dem Quadrate $EFGH$ um den Kreis entspricht der Rhombus $EF_1 GH_1$ um die Ellipse. Seine Seiten sind die Tangenten in den Diagonalpunkten und sie werden von der Ellipse in der Mitte berührt.

Hat man eine Ellipse aus den Achsen zu zeichnen, so wird man die Diagonalpunkte und die Tangenten in ihnen immer ermitteln. Dabei kann man sich auf die in Abb. 169 vorhandenen Hilfslinien beschränken.

3. Berechnung der Ordinaten der Ellipsenpunkte aus den zugehörigen Abszissen. Man beachte Abb. 166. Es ist nach Gleichung (1):

$$y = \frac{b}{a} \cdot PS,$$

PS ist aber gleich $\sqrt{(PM)^2 - (MS)^2}$; $PM = a$ und $MS = x$,

somit ist:
$$y = \frac{b}{a} \sqrt{a^2 - x^2}. \tag{3}$$

Mit Hilfe dieser Gleichung kann man zu jedem horizontalen Abstand $MS = x$ die Höhe des Ellipsenpunktes über der großen Achse berechnen.

4. Krümmungskreise in den Scheitelpunkten einer Ellipse. In Abb. 170 sind mehrere Kreise gezeichnet, die die Ellipse im Scheitel P berühren. Ihre Mittelpunkte liegen auf der großen Achse. Unter den unzählig vielen möglichen Berührungskreisen gibt es einen Kreis, der sich der Ellipse in P ganz besonders enge anschmiegt. Man nennt ihn den Krümmungskreis für den Scheitel P, seinen Radius den Krümmungsradius. Auch für den Scheitel Q gibt es einen Krümmungskreis. Wir geben im fol-

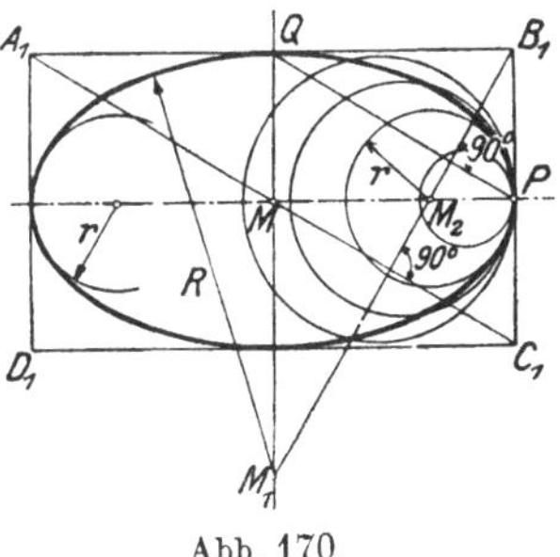

Abb. 170.

genden, ohne Beweis, die Konstruktion der Krümmungsmittelpunkte M_1 und M_2. Man fällt von einer Ecke des Rechtecks $A_1 B_1 C_1 D_1$, z. B. von B_1, ein Lot auf die Diagonale $A_1 C_1$. M_1 und M_2 sind die Mittelpunkte der gesuchten Kreise. Ihre Radien lassen sich leicht aus den Halbachsen berechnen. Siehe Aufgabe 17, § 14. Man findet:

$$\boldsymbol{M_1 Q = R = \frac{a^2}{b}} \quad \text{und} \quad \boldsymbol{M_2 P = r = \frac{b^2}{a}}. \tag{4}$$

Diese Kreise schließen sich in den Scheiteln so enge an die Ellipse an, daß man ziemlich lange Bogenstücke davon als Ersatz für den Ellipsenbogen benutzen kann, wie es in Abb. 169 angedeutet ist.

Die übrigen Stücke der Kurve zeichnet man mit dem Kurvenlineal. Eine Konstruktion, nach der man eine Ellipse vollständig durch Kreise ersetzen kann, kann es nicht geben. Die Abb. 35 und 64 können als Näherungskonstruktionen betrachtet werden, von denen Abb. 64 die bessere ist.

Will man eine Ellipse, deren Achsen gegeben sind, zeichnen, so zeichnet man zweckmäßig der Reihe nach (siehe Abb. 169):

1. das umbeschriebene Rechteck, dessen Seiten den Achsen parallel sind,
2. die „Diagonalpunkte" mit den Tangenten,
3. die Krümmungskreise.

Das wird in den meisten Fällen genügen. Weitere Punkte und Tangenten könnten nach Abb. 165 gefunden werden.

5. Inhalt und Umfang einer Ellipse. Das Affinitätsverhältnis, das vom umbeschriebenen Kreis zur Ellipse mit den Halbachsen a und b überführt, ist $n = b : a$ (Gleichung 1). Der Inhalt des Kreises ist $a^2\pi$, daher ist nach Satz 2, § 18 der Inhalt der Ellipse:

$$J = na^2\pi = \frac{b}{a} \cdot a^2\pi = ab\pi,$$

$$\boldsymbol{J = ab\pi}. \tag{5}$$

ab ist das aus den Halbachsen gebildete Rechteck. Ist $a = b$, so erhält man wieder $a^2\pi$.

Der Umfang der Ellipse ist nicht etwa das $\dfrac{b}{a}$-fache vom Umfange des Kreises, wie man vermuten könnte. Seine Berechnung gestaltet sich viel schwieriger. Wir begnügen uns mit der Angabe des Resultats, es ist:

$$\text{Umfang } u = \pi(a+b)\left[1 + \frac{1}{4}\left(\frac{a-b}{a+b}\right)^2 + \frac{1}{64}\left(\frac{a-b}{a+b}\right)^4 + \dots\right]. \tag{6}$$

Übungsaufgaben.

1. Von einer Ellipse sind die Achsen bekannt. Man bestimme mit Hilfe des um- und einbeschriebenen Kreises die Schnittpunkte der Ellipse mit einer Geraden, die a) parallel zur großen, b) parallel zur kleinen Achse, c) beliebig liegt, ohne die Ellipse zu zeichnen.

2. Es sei $a = 10$ cm, $b = 6$ cm. Berechne nach Gleichung (3) für die Werte $x = 0, 1, 2 \dots 9, 10$ cm die zugehörigen y und zeichne die den einzelnen Wertepaaren entsprechenden Punkte in einem auf Millimeterpapier gezeichneten Koordinatensystem. Trage zu den gleichen Abszissen x auch die Ordinaten y_1 ab, die sich aus $y_1 = \sqrt{100 - x^2}$ ergeben. Die Krümmungsradien R und r sind $R = 16^2/_3$ cm, $r = 3{,}6$ cm. Der Inhalt der ganzen Ellipse ist 188,5 cm², der des gezeichneten Quadranten 47,1 cm². Die Berechnung des Umfanges gestaltet sich nach Gleichung (6) folgendermaßen: Es ist

$$a = 10,\ b = 6,\ a + b = 10,\ a - b = 4,\ \frac{a - b}{a + b} = \frac{4}{16} = \frac{1}{4}.$$

Wir berechnen zuerst $\pi(a + b) = 50{,}265$ cm. Das ist der Umfang eines Kreises, dessen Durchmesser das arithmetische Mittel aus den Achsen der Ellipse ist. Dieser Umfang ist etwas kleiner als der Umfang der Ellipse. Es ist

$$\frac{1}{4}\cdot\left(\frac{a - b}{a + b}\right)^2 = \frac{1}{4}\cdot\left(\frac{1}{4}\right)^2 = \frac{1}{64} \quad\text{und}\quad \frac{1}{64}\left(\frac{a - b}{a + b}\right)^4 = \frac{1}{64}\cdot\frac{1}{256} = \frac{1}{16\,384}.$$

Daher ist

$$u = 50{,}265\left[1 + \frac{1}{64} + \frac{1}{16\,384} + \ldots\right] = 50{,}265 + 0{,}785 + 0{,}003 = 51{,}053\ \text{cm}.$$

In den meisten Fällen genügt es, den Umfang nach der Formel:

$$u = \pi(a + b)\left[1 + \frac{1}{4}\left(\frac{a - b}{a + b}\right)^2\right],$$

unter Weglassung des dritten Gliedes in der Klammer, zu berechnen. Man teile den gezeichneten Ellipsenbogen in kleine Stücke ein, die man als gerade Linien auffassen kann, und füge die Sehnen von Teilpunkt zu Teilpunkt auf einer geraden Linie aneinander und prüfe, wie nahe man der wirklichen Länge des Ellipsenbogens $51{,}05 : 4 = 12{,}76$ cm kommt.

6. Konjugierte Durchmesser. Je zwei Durchmesser der Ellipse, die einem Paar aufeinander senkrecht stehender Durchmesser des Kreises entsprechen, heißen ein Paar konjugierter (zugeordneter) Durchmesser (Abb. 171) $AB \perp CD$. Diesen Kreisdurchmessern entsprechen die Ellipsendurchmesser $A_1 B_1$ und $C_1 D_1$. Dem Quadrat um den Kreis entspricht das Parallelogramm um die Ellipse; die Berührungspunkte $A_1 B_1 C_1 D_1$ liegen in den Mitten der Parallelogrammseiten.

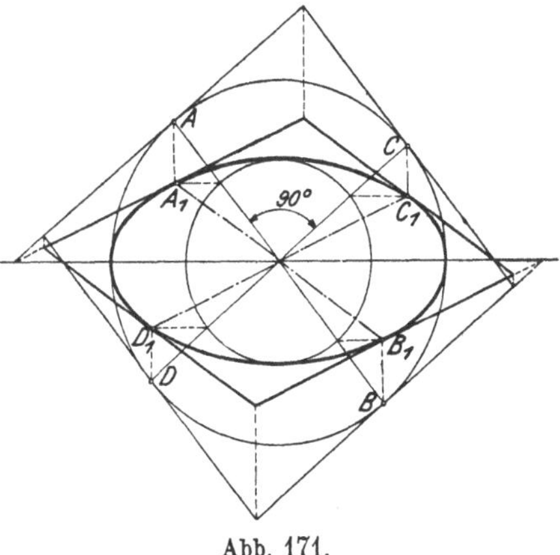

Abb. 171.

Jedem beliebigen Durchmesser $(D_1 C_1)$ der Ellipse wird so ein anderer Durchmesser $(A_1 B_1)$ als der konjugierte zugeordnet. Die Tangenten in den Endpunkten des einen sind parallel dem zugeordneten Durchmesser. So sind die Tangenten in C_1 und D_1 parallel zu $A_1 B_1$ und die Tangenten in A_1 und B_1 parallel zu $C_1 D_1$.

Auch die Achsen der Ellipse sind konjugierte Durchmesser; sie sind die einzigen konjugierten Durchmesser, die aufeinander senkrecht stehen.

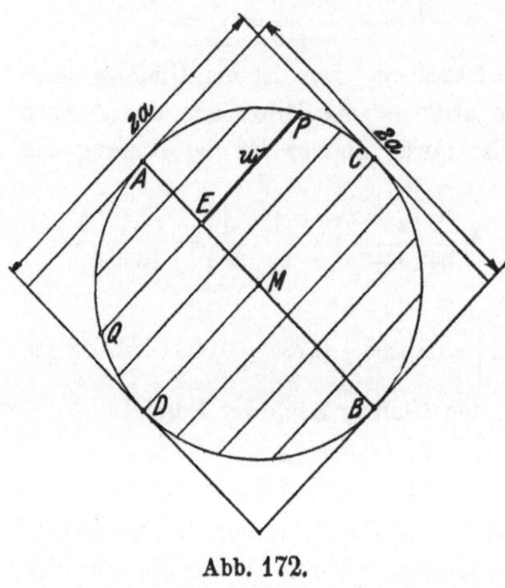

Abb. 172.

Der Kreis und die Ellipse, die in Abb 171 vereinigt liegen, sind in den Abb. 172 und 173 getrennt voneinander gezeichnet. Alle Sehnen eines Kreises, die zu einem Durchmesser parallel sind (Abb. 172), werden durch den dazu senkrecht stehenden Durchmesser halbiert. Daher liegen (Abb. 173) auch die Mittelpunkte paralleler Sehnen einer Ellipse auf einem Durchmesser. Die Sehnen sind parallel dem konjugierten Durchmesser.

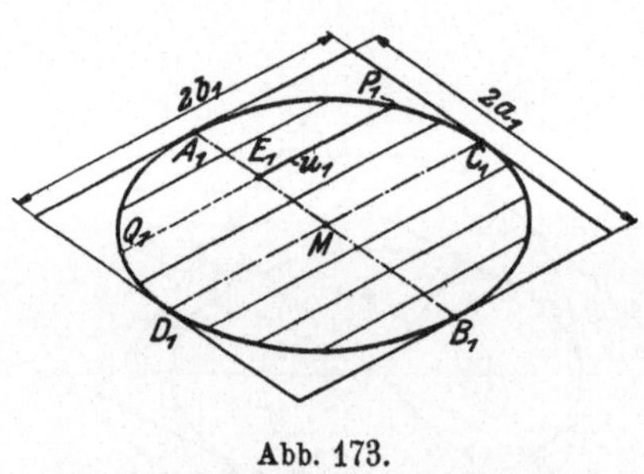

Abb. 173.

Die Ellipse ist in bezug auf jeden Durchmesser, der von den Achsen verschieden ist, eine schief symmetrische Figur. ($E_1 P_1 = E_1 Q_1$, weil $EP = EQ$.)

Auch diese Eigenschaften können bei Ellipsenkonstruktionen vorteilhaft ausgenutzt werden.

7. Konstruktion einer Ellipse aus einem Paar konjugierter Durchmesser. Die Aufgabe, eine Ellipse zu zeichnen, wenn von ihr nur ein Paar konjugierter Durchmesser gegeben ist, ist gleichbedeutend mit: Eine Ellipse zu zeichnen, die ein Parallelogramm in den Seitenmitten berührt.

Man vergleicht die Ellipse mit einem Kreis, dessen Durchmesser mit einem der gegebenen Ellipsendurchmesser übereinstimmt. Aus den Kreispunkten und den Tangenten

werden durch schiefe Affinität die Punkte und Tangenten der
Ellipse gefunden. Affinitätsachse ist der dem Kreis und der Ellipse
gemeinsame Durchmesser.

In Abb. 174 ist die Konstruktion für die eine Hälfte der Ellipse angedeutet. Dem Halbkreis über $A_1 B_1$ entspricht die halbe Ellipse über
$A_1 B_1$. C_2 und C_1, P_2 und P_1 sind entsprechende Punkte. $C_2 C_1$ bestimmt
die Affinitätsrichtung. Die Tangenten in P_2 und P_1 würden sich in einem
Punkte auf s treffen. Lediglich der Deutlichkeit wegen ist in der Abb. 174
die untere Hälfte des Kreises über $A_1 B_1$ benutzt worden. Durch die obere
Hälfte des Kreises hätte P_1 zeichnerisch besser bestimmt werden können.

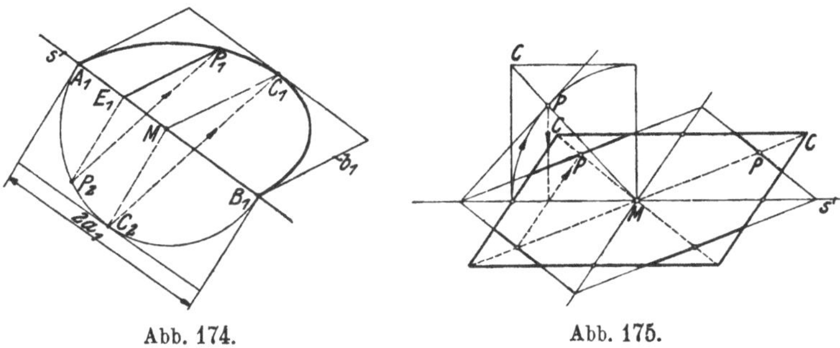

Abb. 174.   Abb. 175.

Abb. 175 macht im besonderen noch auf die Konstruktion der Tangenten aufmerksam. In den Punkten, die auf einer Diagonale
des Parallelogramms liegen, sind die Tangenten der anderen
Diagonale parallel.

Statt der Kreissehnen, die zur Affinitätsachse senkrecht stehen (siehe
$E_1 P_2$ in Abb. 174), können auch die Sehnen, die zur Affinitätsachse parallel sind,
bei Ellipsenkonstruktion
verwendet werden, seien
die Achsen oder ein Paar
konjugierter Durchmesser
gegeben (Abb. 176). Diese
Sehnen gehen, wie man
leicht erkennt, unver-
kürzt in die Ellipse über.
Man teilt die Strecken
MC und MC_1 je in gleich
viel gleiche Teile (in der

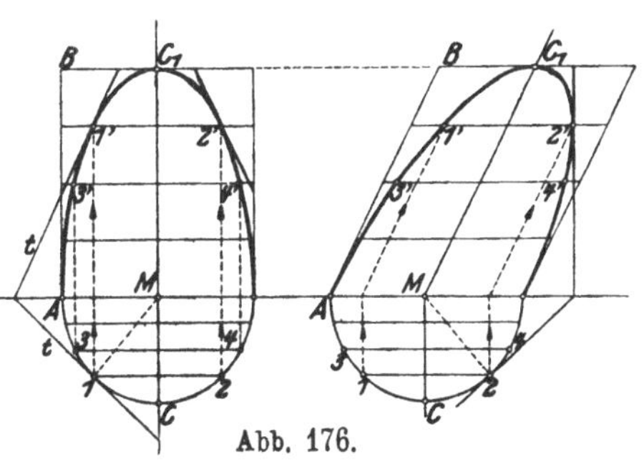

Abb. 176.

Figur in vier), zieht durch die Teilpunkte die Parallelen zur Affinitätsachse, macht $1'\,2'$ gleich $1\,2$; $3'\,4'$ gleich $3\,4$ usf. Die Sehnen des Kreises
werden dadurch einfach über eine andere Strecke gleichmäßig verteilt.

Die beiden Halbellipsen in Abb. 176 haben in gleichem Abstande von der Affinitätsachse gleiche Sehnen, sie haben demnach gleichen Inhalt. Der Inhalt einer (ganzen) Ellipse ist daher ganz allgemein gleich dem π-fachen Inhalt des Parallelogramms, das aus zwei konjugierten Halbmessern (AM und MC_1) gebildet werden kann. Die Ellipse wird durch zwei konjugierte Durchmesser in vier inhaltsgleiche Teile zerlegt.

8. Konstruktion der Achsen aus einem Paar konjugierter Durchmesser. Wenn eine Ellipse gezeichnet ist, so kann man die Achsen mit Hilfe eines Kreises finden, den man um den Mittelpunkt der Ellipse schlägt und der die Ellipse in vier Punkten schneidet. Die vier Schnittpunkte bestimmen die Ecken eines Rechtecks und die Parallelen zu den Rechteckseiten, durch den Mittelpunkt der Ellipse, bestimmen die Achsen. Der Beweis beruht auf den Symmetrieeigenschaften der Ellipse.

Die Achsen können auch ermittelt werden, wenn die Ellipse noch nicht gezeichnet ist, wenn von ihr nur ein Paar konjugierter Durchmesser vorliegt. Es seien (Abb. 177) a und b die Halbachsen

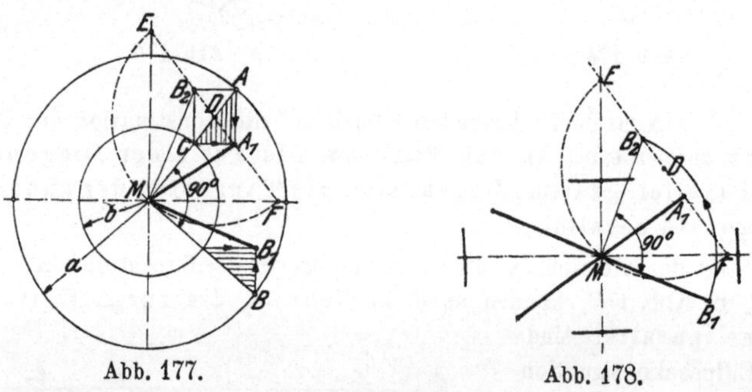

Abb. 177.　　　　　　　　　　　　Abb. 178.

der Ellipse, MA_1 und MB_1 zwei konjugierte Halbmesser, die den aufeinander senkrecht stehenden Kreisradien MA und MB entsprechen. Die schraffierten rechtwinkligen Dreiecke sind kongruent (wsw). Wir drehen MB und MB_1 je um 90° bis MB auf MA, und MB_1 auf MB_2 fällt. Das Viereck A_1AB_2C ist ein Rechteck. Wir verlängern A_1B_2 bis zum Schnitt mit den Achsen der Ellipse in F und E. Es ist $MF\|A_1C$ und $ME\|A_1A$. Die Dreiecke DCA_1 und DMF sind gleichschenklig und ähnlich. Ebenso die Dreiecke DB_2C und MDE. Es ist also $DF = DM = DE$. Ein Kreis um D durch M geht durch E und F. Ferner ist $AM = A_1E = B_2F = a =$ der großen Achse der Ellipse und

$MC = A_1F = B_2E = b =$ der kleinen Achse. $DM = (a + b) : 2$. Auf diese Überlegungen gründet sich die folgende

Konstruktion (Abb. 178). Ziehe $MB_2 \perp MB_1$, $MB_2 = MB_1$. Ziehe A_1B_2 und halbiere die Strecke in D. Der Kreis um D durch M trifft die verlängerte Linie A_1B_2 in E und F.

MF und ME sind die Richtungen der Achsen.

$B_2F = A_1E = a =$ Länge der großen Achse,
$B_2E = A_1F = b =$ „ „ kleinen „

Sind die Achsen bekannt, so konstruiert man die Ellipse nach Abschnitt 4 (Schluß).

9. Brennpunkte einer Ellipse. Ein Kreisbogen mit dem Radius a um einen Endpunkt der kleinen Achse geschlagen, trifft die große Achse in zwei Punkten F_1 und F_2, die man Brennpunkte nennt (Abb. 179). Die Punkte der Ellipse stehen zu diesen Punkten in einer merkwürdigen Beziehung.

F_1 und F_2 haben vom Mittelpunkt der Ellipse offenbar den Abstand

$$c = \sqrt{a^2 - b^2}. \qquad (8)$$

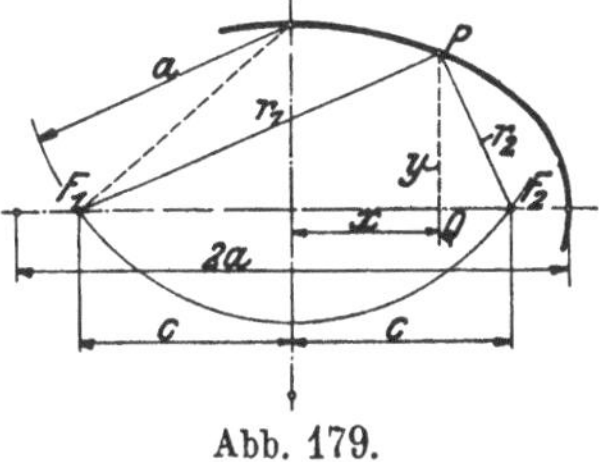

Abb. 179.

Es genügt, wenn wir im folgenden einen Viertel der Ellipse ins Auge fassen. Ist P ein beliebiger Punkt auf dem gezeichneten Ellipsenbogen, sind r_1 und r_2 seine Entfernungen von F_1 und F_2, x und y seine Koordinaten (wenn die Achsen der Ellipse zu Koordinatenachsen gewählt werden) dann ergibt sich aus dem rechtwinkligen Dreieck F_1QP

$$r_1^2 = (c + x)^2 + y^2;$$

nun ist aber nach Gleichung (3):

$$y^2 = b^2 - \frac{b^2}{a^2} x^2,$$

somit

$$r_1^2 = (c + x)^2 + b^2 - \frac{b^2}{a^2} x^2 = c^2 + 2cx + x^2 + b^2 - \frac{b^2}{a^2} x^2$$

$$= (c^2 + b^2) + 2cx + \frac{x^2}{a^2} (a^2 - b^2).$$

Nach Gleichung (8) ist $a^2 - b^2 = c^2$ und daher $c^2 + b^2 = a^2$, somit

$$r_1^2 = a^2 + 2cx + \frac{x^2c^2}{a^2} = \left(a + \frac{cx}{a}\right)^2,$$

oder
$$r_1 = a + \frac{cx}{a}.$$

Ähnlich findet man mit Hilfe des Dreiecks F_2QP

$$r_2 = a - \frac{cx}{a}.$$

Daraus folgt

$$r_1 + r_2 = 2a. \tag{9}$$

r_1 und r_2 heißen die Brennstrahlen des Punktes P. Nach Gleichung 9 ist also für jeden beliebigen Punkt P der Ellipse die Summe der Brennstrahlen gleich der großen Achse, also unveränderlich.

Hierauf gründet sich eine weitere Konstruktion der Ellipse aus den Achsen (Abb. 180). Man konstruiert die Brennpunkte F_1 und F_2, nimmt C auf AB zwischen F_1 und F_2 beliebig an,

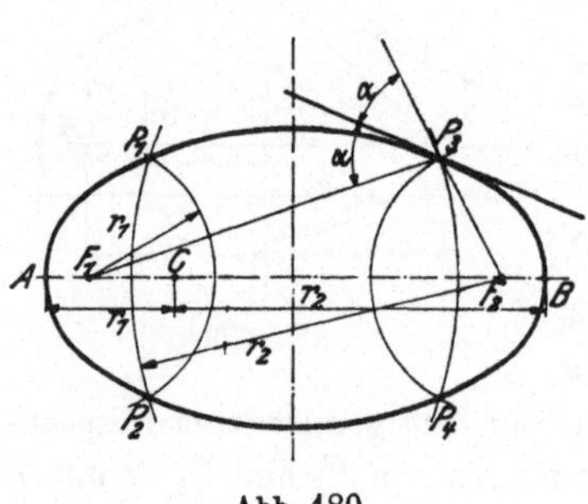

Abb. 180.

schlägt um F_1 einen Kreisbogen mit der Zirkelöffnung $AC = r_1$, dann um F_2 einen Bogen mit $BC = r_2$; die Punkte P_1 und P_2 sind Punkte der Ellipse, denn nach der Konstruktion ist $r_1 + r_2 = 2a = AB$.

Da die Ellipse in bezug auf die Achsen symmetrisch ist, hätte man mit $AC = r_1$ auch einen Kreisbogen um F_2 und mit $BC = r_2$ einen solchen um F_1 schlagen können, man hätte damit auch die zu P_1 und P_2 symmetrischen Punkte P_3 und P_4 erhalten. Durch Annahme eines anderen Punktes C erhält man vier weitere Punkte der Ellipse.

Man beweise, daß für irgendeinen Punkt innerhalb (außerhalb) der Ellipse die Summe der Abstände von F_1 und F_2 kleiner (größer) ist als $2a$.

10. Leitkreise der Ellipse. So nennt man die Kreise, die mit dem Radius $2a$ um die Brennpunkte geschlagen werden können. In Abb. 181 ist ein Teil eines Leitkreises gezeichnet. Die Leitkreise könnten ebenfalls zur Ellipsenkonstruktion verwendet werden. Man zieht z. B. F_1S beliebig, errichtet auf F_2S die Mittelsenkrechte t, die F_1S in P trifft. P ist ein Punkt der Ellipse; denn $F_1P + PS = 2a$, als Radius des Leitkreises. $PS = PF_2$, weil

P auf der Mittelsenkrechten t liegt; daher ist $F_1 P + PS = F_1 P + PF_2 = 2a$.

Auf t kann es außer P keinen zweiten Punkt der Ellipse geben, denn für jeden anderen Punkt Q auf t ist $QF_1 + QF_2 = QF_1 + QS > F_1 S$, also größer als $2a$; somit ist t eine Tangente an die Ellipse.

Wie man leicht erkennt, sind die drei mit kleinen Bogen kenntlich gemachten Winkel um P einander gleich, d. h. die Tangente t bildet mit den Brennstrahlen nach dem Berührungspunkt P gleiche Winkel. (S. auch Abb. 180, P_3.)

Ferner ist in Abb. 181 $F_2 R = RS$ und $MF_1 = MF_2$; daher ist in dem Dreieck $F_1 S F_2$ die Strecke $RM = 0,5 \cdot F_1 S = 0,5 \cdot 2a = a$. Da $F_1 S$ und daher auch P beliebig gewählt sind, folgt: Fällt man von einem Brennpunkt ein Lot auf eine Tangente, so liegt der Fußpunkt (R) immer auf dem der Ellipse umbeschriebenen Kreis.

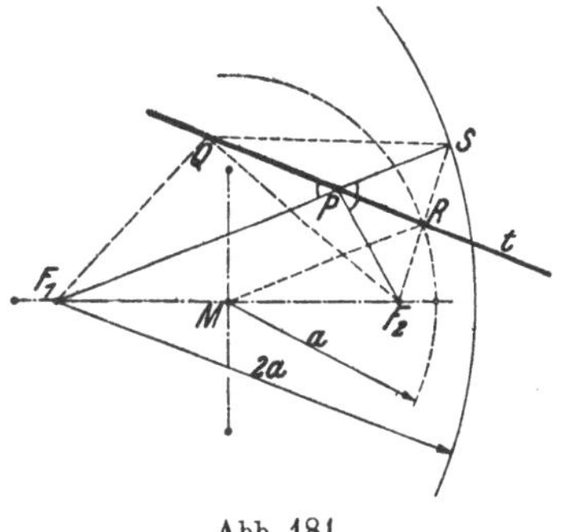

Abb. 181.

Konstruiert man zu einem Brennpunkt den symmetrischen Punkt S in bezug auf eine beliebige Tangente der Ellipse, so liegt S immer auf dem Leitkreis um den andern Brennpunkt.

***

11. Konstruktion der Tangenten an eine Ellipse von einem gegebenen Punkt P aus oder parallel zu einer vorgeschriebenen Richtung. Von der Ellipse seien die Achsen gegeben. Man zeichne die Figur. F_1 und F_2 seien die Brennpunkte. P sei ein beliebiger Punkt außerhalb der Ellipse, von dem aus die Tangenten an die Ellipse gezogen werden sollen. Man schlägt um P durch einen der Brennpunkte, z. B. F_2 einen Kreis k_1, um den andern Brennpunkt F_1 einen Leitkreis k_2 (Radius $2a$). k_1 und k_2 schneiden sich in zwei Punkten A und B. Die Mittelsenkrechten der Strecken $F_2 A$ und $F_2 B$ sind die gesuchten Tangenten; ihre Berührungspunkte C und D liegen auf den Geraden $F_1 A$ und $F_1 B$. Die Begründung dieser Konstruktion liegt in den zwei letzten Sätzen des vorhergehenden Abschnitts.

Sollen die Tangenten an die Ellipse parallel zu einer gegebenen Geraden g gezogen werden, so ziehe man durch F_2 eine Normale l zu g; l schneidet den Leitkreis k_2 um F_1 in den Punkten A und B. Die Mittelsenkrechten der Strecken F_2A und F_2B sind die gesuchten Tangenten. Die Berührungspunkte C und D werden durch die Geraden F_1A und F_1B auf den Tangenten ausgeschnitten. Die Brennpunkte F_1 und F_2 können in beiden Konstruktionen ihre Rolle vertauschen.

§ 20. Die Parabel.

Bewegt sich ein Punkt so in einer Ebene, daß er von einem festen Punkt (F) und einer festliegenden Geraden (l) beständig den gleichen Abstand hat, so heißt seine Bahnkurve eine Parabel.

1. Brennpunkt, Leitlinie, Achse, Scheitel, Durchmesser. Es sei F in Abb. 182 der gegebene Punkt, l sei die gegebene Gerade.

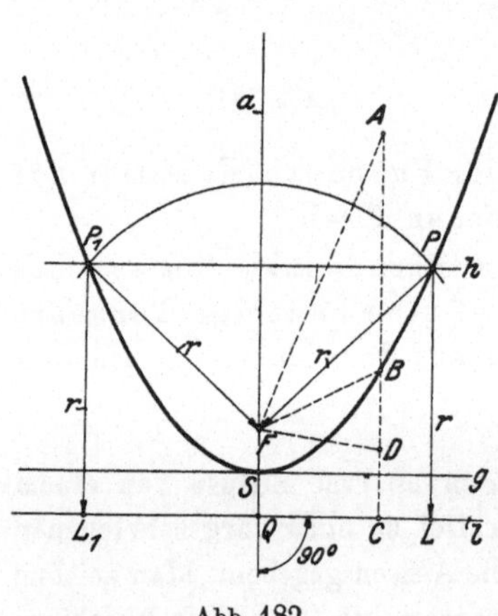

Abb. 182.

F heißt der Brennpunkt, l die Leitlinie. Jeder Punkt der Ebene, der von F und l gleiche Entfernung hat, ist nach der gegebenen Definition ein Punkt der Parabel. Das ist zunächst für den Punkt S der Fall, der in der Mitte der Strecke FQ auf dem Lote a zu l liegt. Wir ziehen $g \parallel l$ durch S. Unterhalb g kann es keinen weiteren Punkt der Parabel geben, wie man leicht einsehen wird. Auch auf g liegt außer S kein anderer Punkt der Parabel. Dagegen können auf jeder beliebigen Parallelen h zu g, die oberhalb g liegt, zwei Punkte der Parabel ermittelt werden. Der Abstand von h und l sei r. Schlägt man um F einen Kreisbogen vom Radius r, so schneidet er h in P und P_1. Für diese beiden Punkte gilt nach der Konstruktion die Beziehung:

$$P_1 L_1 = P_1 F = r \quad \text{und} \quad PL = PF = r.$$

P und P_1 sind daher Punkte der Parabel, und zwar die einzigen, die auf h liegen. Auf jeder beliebigen anderen Parallelen h können auf gleiche Weise zwei andere Punkte bestimmt werden. Die Kurve, die alle so konstruierten Punkte miteinander verbindet, ist symmetrisch zur Geraden a. Man nennt a die **Achse**, S den **Scheitel** der Parabel; g heißt die **Scheiteltangente**.

Die Parabel erstreckt sich nach oben beliebig weit fort, sie ist keine im Endlichen geschlossene Kurve wie die Ellipse. Man kann immer nur ein Stück einer Parabel zeichnen.

Die Parabel trennt die ganze Ebene in zwei Gebiete. Wir sagen von allen Punkten, die auf der gleichen Seite der Parabel wie der Brennpunkt liegen, sie seien im **Innern** der Parabel. Für jeden Punkt im Innern ist die Entfernung vom Brennpunkt F kleiner, für jeden äußeren Punkt dagegen größer als der Abstand von der Leitlinie l; denn ziehen wir durch den Punkt A im Innern eine Parallele AC zu a, so ist $AF < AB + BF$; da aber $BF = BC$ ist, weil B auf der Parabel liegt, so ist $AF < AB + BC$, also $AF < AC$. — Für den äußern Punkt D ist $DF > BF - BD$ oder, weil $BF = BC$ ist, $DF > BC - BD$ oder $DF > DC$. — Man nennt jede Parallele zur Achse a einen **Durchmesser** der Parabel. Man kann sich eine Parabel als eine unendlich große Ellipse vorstellen, deren Mittelpunkt in der Richtung a unendlich weit weg liegt. Alle Durchmesser gehen durch diesen unendlich fernen Mittelpunkt, d. h. sie sind parallel.

2. Tangente und Normale in einem Punkte der Parabel. Wir beschränken unsere Entwicklungen auf die eine Hälfte der Parabel; die Eigenschaften, die dieser zukommen, gelten auch für die andere Hälfte. — In Abb. 183 sei P ein beliebiger Punkt auf der Kurve. PL ist senkrecht zu l. Es ist $PF = PL$, daher ist das Dreieck PFL gleichschenklig. Ferner ist FS gleich und parallel zu ML. FL schneidet daher die Scheiteltangente im Mittelpunkt R der Strecke FL. PR ist die Höhe des gleichschenkligen Dreiecks PFL. — Wir wollen beweisen, daß $PR = t$ eine **Tangente** der Parabel ist. Ist C ein von P verschiedener Punkt auf t,

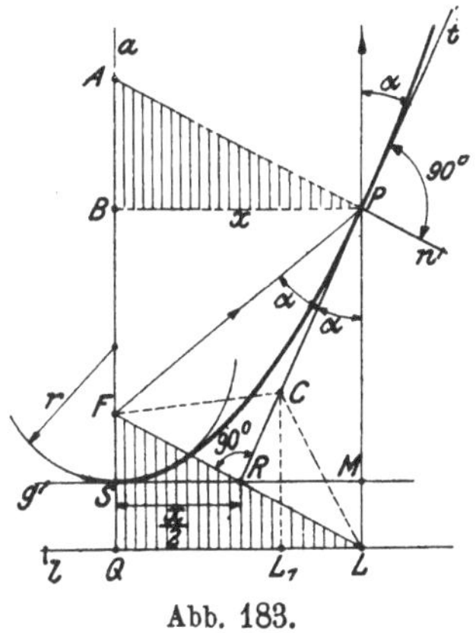

Abb. 183.

dann ziehen wir CF und CL_1 $(CL_1 \,\|\, PL)$. Dann ist $CF = CL$.

CL ist als Hypotenuse des rechtwinkligen Dreiecks CLL_1 größer als CL_1; daher ist auch $CF > CL_1$, d. h. C liegt außerhalb der Parabel. Dasselbe läßt sich von jedem beliebigen von P verschiedenen Punkt auf t nachweisen. P ist also der einzige Punkt auf t, der der Parabel angehört, alle übrigen Punkte liegen außerhalb der Parabel, d. h. t ist eine Tangente.

$PR = t$ halbiert den Winkel zwischen PF und PL. PF heißt der **Brennstrahl** des Punktes P. PL ist zu a parallel und hat die Richtung eines Durchmessers.

a) Die Tangente bildet mit dem Brennstrahl und dem Durchmesser im Berührungspunkt gleiche Winkel (α).

$\triangle FSR \cong \triangle RML$; daher ist $SR = RM$. Ist $BP \parallel$ zu g, dann ist $SM = PB$ und daher $SR = 0{,}5 \cdot SM = 0{,}5 \cdot PB$, d. h.:

b) Die Tangente schneidet die Scheiteltangente in einem Punkte (R), der vom Scheitelpunkte (S) halb so weit entfernt ist, wie der Berührungspunkt P von der Achse der Parabel. Aus der Figur folgt ferner:

c) Errichtet man im Schnittpunkt (R) einer beliebigen Tangente (t) mit der Scheiteltangente ein Lot (RF) auf die Tangente, so geht es immer durch den Brennpunkt (F).

n heißt die **Normale** der Parabel in P. Sie schneidet die Achse a in A. AB auf a heißt die **Subnormale** für den Punkt P. $\triangle ABP \cong \triangle FQL$, für jede beliebige Lage von P auf der Parabel; daher $AB = FQ$, d. h.:

d) Es ist für alle Punkte der Parabel die Subnormale von gleicher Länge, nämlich gleich dem Abstand des Brennpunktes von der Leitlinie.

Alle vier Sätze a—d können zur Konstruktion der Tangenten und Normalen für beliebige Parabelpunkte verwertet werden.

3. Die Parabel als Bild der Funktion: $y = Cx^2$. Wir wählen die Scheiteltangente und die Parabelachse als Koordinatenachsen (Abb. 184.) In dem rechtwinkligen Dreieck APD ist die Strecke $BP = x$ die Höhe; ferner ist $AB = p$ und $BS = SD = y = PQ$, also $BD = 2y$. Nach Satz 4 über das rechtwinktige Dreieck ist

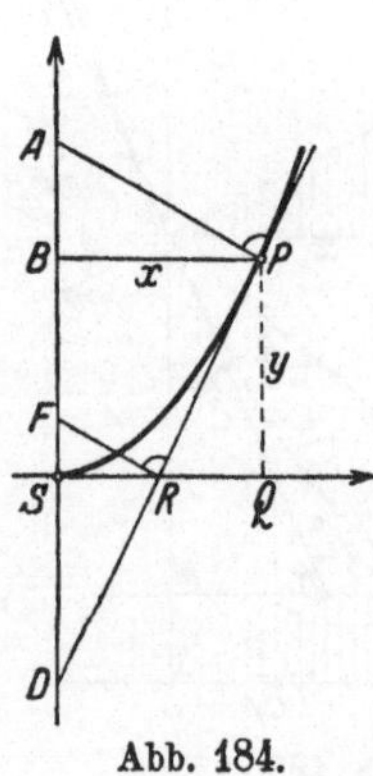

Abb. 184.

$$2y \cdot p = x^2$$

oder
$$y = \frac{1}{2\,p} \cdot x^2. \qquad (1)$$

Mit Hilfe dieser Gleichung können wir zu jeder Abszisse x den Abstand y des Parabelpunktes von der Scheiteltangente berechnen. — Jeder Gleichung von der Form
$$y = C \cdot x^2, \qquad (2)$$

worin C einen konstanten Wert bedeutet, entspricht in einem Koordinatensystem eine Parabel. Die Lage des Brennpunktes folgt aus $C = 1 : 2\,p$; es ist
$$\frac{p}{2} = \frac{1}{4\,C}.$$

In der Abb. 185 ist die Parabel gezeichnet, die der Gleichung $y = 0,1\,x^2$ entspricht.

Für $x = 0 \quad 1 \quad 2 \quad 3 \quad 4 \quad 5 \quad 6 \quad 7 \ldots$ (cm)
wird $y = 0 \quad 0,1 \quad 0,4 \quad 0,9 \quad 1,6 \quad 2,5 \quad 3,6 \quad 4,9 \ldots$ „

Die Lage des Brennpunktes folgt aus $0,1 = 1 : 2\,p$; also $SF = p : 2 = 2,5$ cm. In der gleichen Abbildung ist auch die Parabel gezeichnet, die der Gleichung $y_1 = 0,2 \cdot x^2$ entspricht. Zu den gleichen Abszissen gehören hier die doppelten Ordinaten der ersten Parabel; denn $y_1 = 2 \cdot 0,1\,x^2 = 2y$. Die zweite Parabel ist somit affin zur ersten, die Scheiteltangente ist die Affinitätsachse. Die Tangenten in den entsprechenden Punkten P und P_1 treffen sich im gleichen Punkte R der Scheiteltangente. Für die steilere Parabel liegt der Brennpunkt näher beim Scheitel. Es ist $SF_1 = 1 : 0,8 = 1,25$ cm.

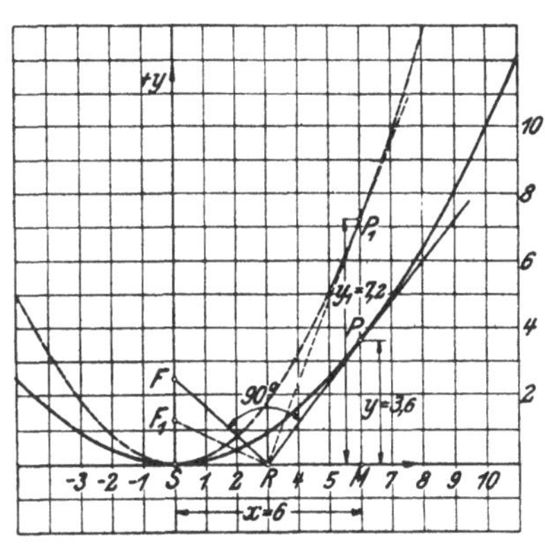

Abb. 185.

Nehmen wir an, der Punkt P in der Abb. 184 habe die Abszisse a und die Ordinate $b \cdot P$ sei ein festliegender Punkt der Kurve. Es ist $SQ = a$; $PQ = b$; $SR = a : 2 = RQ$ und $FS = p : 2$. Aus der Ähnlichkeit der Dreiecke FSR und PRQ folgt $\dfrac{p}{2} : \dfrac{a}{2} = \dfrac{a}{2} : b$, oder $\dfrac{p}{2} = \dfrac{a^2}{4\,b}$ oder $2p = \dfrac{a^2}{b}$.

Die Gleichung (1) nimmt jetzt die Form an

$$y = \frac{b}{a^2} x^2. \tag{3}$$

Ist somit von einer Parabel der Scheitel, die Scheiteltangente und ein Punkt P bekannt, so kann man mit Hilfe der Gleichung (3) zu jeder Abszisse x den Abstand y des Parabelpunktes von der Scheiteltangente berechnen. (Für $a = 10$; $b = 12\,\mathrm{cm}$ ist z. B. $y = 0{,}12\,x^2$.)

Wir haben schon viele Gleichungen von der Form (2) kennen gelernt, z. B. $J = \pi r^2$; hier ist $y = J$; $C = \pi$; $x = r$. Weitere Beispiele sind: $J = \frac{\pi}{4} \cdot d^2$; $J = \frac{\sqrt{3}}{4} \cdot s^2$; $J = s^2$ usw. Stellt man solche Gleichungen graphisch dar, d. h. trägt man beliebige Werte der einen Größe, z. B. r als Abszissen und die entsprechenden Werte der andern (J) als Ordinaten auf, so erhält man immer eine Parabel. Vergleiche § 9, Aufgabe 34 und § 12. Sind x_1; y_1 und x_2, y_2 zwei Wertepaare, die der Gleichung (2) genügen, ist also:

$$\left.\begin{array}{l} y_1 = C x_1^2 \\ y_2 = C x_2^2 \end{array}\right\} \text{ so erhält man hieraus durch Division:}$$

$$y_1 : y_2 = x_1^2 : x_2^2.$$

Die y-Werte sind „proportional dem Quadrate" der x-Werte.

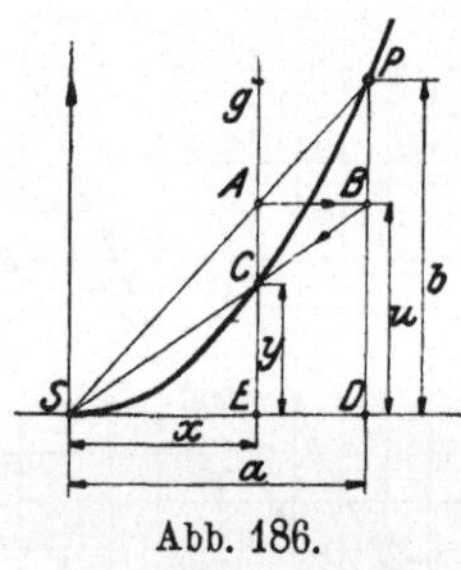

Abb. 186.

4. Konstruktion einer Parabel aus einem beliebigen Punkte P, dem Scheitel und der Scheiteltangente. Es sei P in Abb. 186 der gegebene Punkt. Jener Punkt C der Parabel, der auf der beliebig gewählten, zur Parabelachse parallelen Geraden g liegt, kann wie folgt konstruiert werden. Ziehe SP, g schneidet SP in A, ziehe AB parallel SD, BS schneidet g in dem gesuchten Parabelpunkt C!

Beweis: Es sei $BD = AE = u$.

$$\triangle SCE \sim \triangle SBD, \text{ daraus folgt: } \frac{u}{a} = \frac{y}{x},$$

$$\triangle SEA \sim \triangle SPD, \text{ daraus folgt: } \frac{b}{a} = \frac{u}{x},$$

durch die Multiplikation dieser Gleichungen erhält man

$$\frac{u}{a} \cdot \frac{b}{a} = \frac{y}{x} \cdot \frac{u}{x},$$

woraus sich ergibt:

$$y = \frac{b}{a^2} x^2.$$

Die für C konstruierte Ordinate y ist also genau gleich der Ordinate, die sich aus Gleichung (3) zu x berechnen läßt, d. h. C ist ein Punkt der Parabel durch P. Diese Konstruktion ist eine der wichtigsten Parabelkonstruktionen. Sie liegt der folgenden oft gegebenen Konstruktion zugrunde.

In Abb. 187 sind mehrere Gerade g in gleichen Abständen über die Strecke a verteilt und für jede Gerade ist der auf ihr

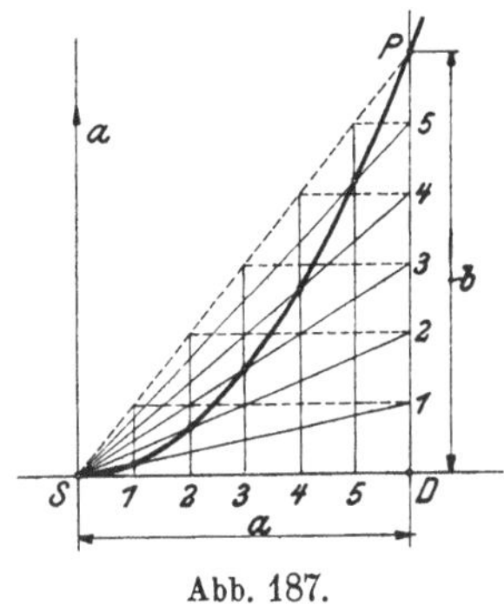

Abb. 187.

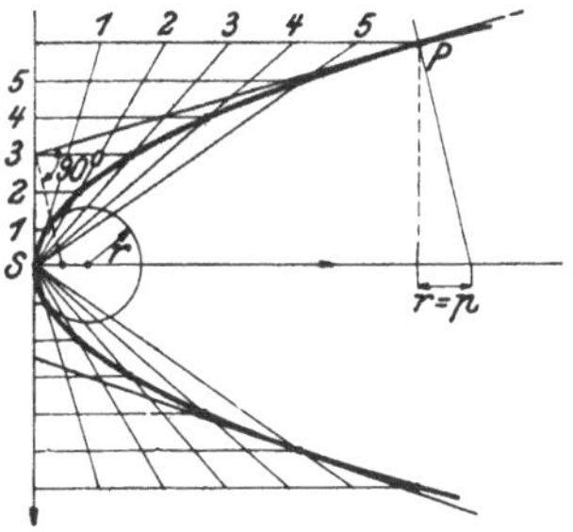

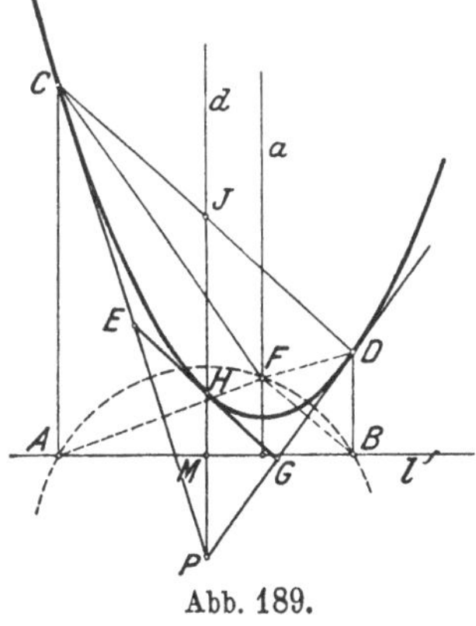

Abb. 188.

liegende Parabelpunkt nach der besprochenen Konstruktion ermittelt. Der regelmäßigen Teilung auf SD entspricht nun offenbar auch eine regelmäßige Teilung auf SP und diese wird durch die horizontalen Linien wieder auf die Strecke $PD = b$ übertragen. Sowohl a als b sind demnach in gleich viele unter sich gleiche Stücke zerlegt. Läßt man schließlich die in Abb. 187 gestrichelten Linien als überflüssig weg, so gelangt man zu der einfachen und viel benutzten Konstruktion der Parabel, wie sie in Abb. 188 ausgeführt ist.

5. Tangenten von einem beliebigen Punkte außerhalb der Parabel oder parallel einer vorgeschriebenen Richtung. Ist P der gegebene Punkt (Abb. 189), F der Brennpunkt, dann schlägt man um P einen Kreis durch F, der die Leitlinie l in A und B trifft. Die Lote von P auf die Kreissehnen AF und BF sind die Tangenten an die Parabel, ihre Berührungs-

Abb. 189.

punkte C und D liegen in den Loten, die man in A und B auf l errichten kann.

Beweis: PC ist die Mittelsenkrechte zur Strecke AF; daher ist $CA = CF$; ebenso ist $DB = DF$, d. h. C und D sind Punkte der Parabel. Ferner ist $\sphericalangle ACP = \sphericalangle PCF$ und $\sphericalangle PDF = \sphericalangle PDB$, d. h. PC und PD sind nach Satz a, Abschnitt 2, Tangenten an die Parabel.

Soll die Tangente parallel einer vorgeschriebenen Richtung r gezogen werden (die Konstruktion ist in der Figur nicht ausgeführt), so ziehe man durch F ein Lot zu r, das l in Q treffen möge. Die Mittelsenkrechte zu FQ ist die Tangente, und das Lot in Q auf l liefert den Berührungspunkt. Es gibt höchstens eine Tangente von vorgeschriebener Richtung. Beweise die Richtigkeit der Konstruktion.

6. Beziehungen zwischen Tangenten, Sehnen, Durchmessern. Zieht man durch P (Abb. 189) die Gerade d senkrecht zur Kreissehne AB, so wird diese in M, und die Parabelsehne DC in J halbiert. d ist, weil parallel zur Parabelachse a, der durch P gehende Parabeldurchmesser, somit:

a) Die Tangenten in den Endpunkten einer beliebigen Sehne schneiden sich in einem Punkte des Durchmessers, der diese Sehne halbiert; oder:

Die Verbindungslinie des Schnittpunktes zweier Tangenten mit dem Mittelpunkt der Berührungssehne ist ein Durchmesser der Parabel.

Man kann diesem Satze noch eine andere geometrische Deutung geben. Die drei Geraden AC, MJ, BD sind parallel und senkrecht zu l und es ist $AM = MB$. Diese Strecken AM und MB kann man als Projektionen der Tangentenabschnitte PC und PD in der Richtung der Parabelachse betrachten; also:

b) Zieht man von einem Punkte (P) zwei Tangenten an eine Parabel, so sind die Projektionen der Tangentenabschnitte auf die Leitlinie (oder eine Parallele dazu) gleich lang.

Es seien nun CA und CB (Abb. 190) zwei beliebige Tangenten mit den Berührungs-

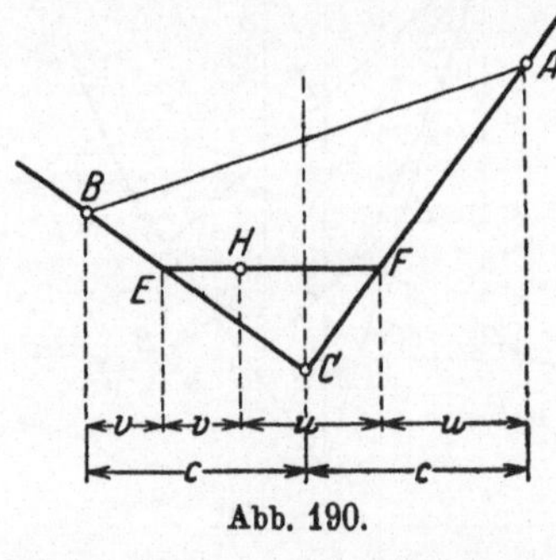

Abb. 190.

punkten A und B. EF sei eine beliebige dritte Tangente. AC und BC haben nach b) Projektionen c von gleicher Länge. Die von E ausgehenden Tangentenabschnitte haben wiederum nach b) gleiche Projektionslängen v, ebenso die von F ausgehenden Tangentenabschnitte FH und FA und es ist

$$2v + 2u = 2c$$

oder

$$u + v = c, \quad \text{d. h.:}$$

c) Werden zwei beliebige feste Tangenten von einer beweglichen Tangente geschnitten, so hat die Projektion des auf ihr liegenden Abschnittes (EF) auf die Leitlinie einen konstanten Wert (c).

Da $v = c - u$ und $c - v = u$, so gilt

$$v : (c - v) = (c - u) : u,$$

oder auch

$$BE : EC = CF : FA, \quad \text{d. h.:}$$

d) Eine bewegliche Tangente schneidet zwei feste Tangenten so, daß sich die Abschnitte auf der einen umgekehrt verhalten, wie die entsprechenden Abschnitte auf der andern.

Wählt man im besonderen (Abb. 189) den Ausgangspunkt E der beweglichen Tangente in der Mitte eines Tangentenabschnittes PC, dann schneidet die Tangente EG auch den andern Tangentenabschnitt PD in der Mitte G und es ist in dem Dreieck PCD: EG parallel CD; $EG = 0{,}5 \cdot CD$; $EH = HG$ und $PH = HJ$, d. h.:

e) Die Verbindungslinie der Mittelpunkte zweier Tangentenabschnitte ist wieder eine Tangente. Der Berührungspunkt liegt in der Mitte der Verbindungsstrecke, d. h. auf dem Durchmesser, welcher den Schnittpunkt der Tangenten mit dem Mittelpunkt der Berührungssehne verbindet.

Denkt man sich P (Abb. 189) auf d verschoben und immer von P aus die Tangenten an die Parabel gezogen, so sind die Berührungssehnen immer der Tangente in H, also auch unter sich parallel und ihre Mittelpunkte (J) liegen auf dem gleichen Durchmesser d.

f) Zieht man in einer Parabel mehrere parallele Sehnen, so liegen ihre Mittelpunkte auf einem Durchmesser; die Tangente im Endpunkte des Durchmessers ist den Sehnen parallel.

Mit Hilfe dieses Satzes kann man in einer gezeichnet vorliegenden Parabel die Achse bestimmen (Abb. 191). Man zieht irgend zwei parallele Sehnen CD und EF. Die Verbindungslinie GJ ihrer Mittelpunkte ist ein Durchmesser und daher zur Achse parallel. Nun zieht man die Sehne DH senkrecht zu d. Durch ihren Mittelpunkt K geht die Achse parallel d.

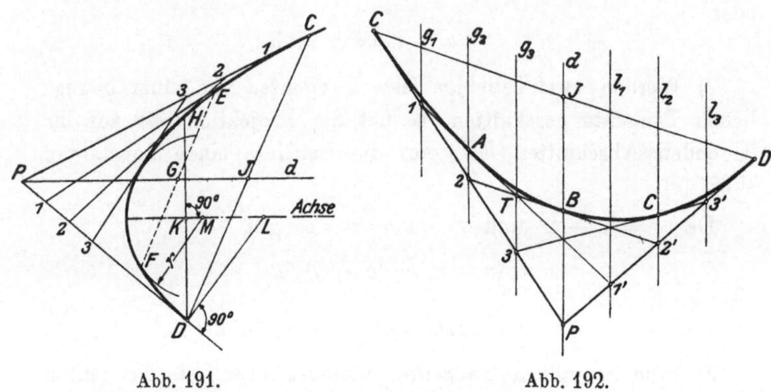

Abb. 191.   Abb. 192.

7. Konstruktion einer Parabel aus zwei Tangenten und ihren Berührungspunkten. Es seien PC und PD (Abb. 192) die gegebenen Tangenten. Man teilt die Tangentenabschnitte PC und PD je in gleich viele unter sich gleiche Teile; dann sind nach dem vorhergehenden Abschnitt 6, Satz d die Geraden $1\,1'$, $2\,2'$, $3\,3'$ weitere Tangenten an die Parabel. (Die Geraden $g_1 g_2 \ldots$ sind zur Konstruktion nicht nötig; sie sollen lediglich an die Gleichheit der Projektionen erinnern und auf weitere Beziehungen der Schnittpunkte der Tangenten untereinander, sowie auf die Berührungspunkte aufmerksam machen.)

Kennt man von einer Parabel zwei Tangenten BC und AC (Abb. 193) mit den Berührungspunkten B und A, so findet man

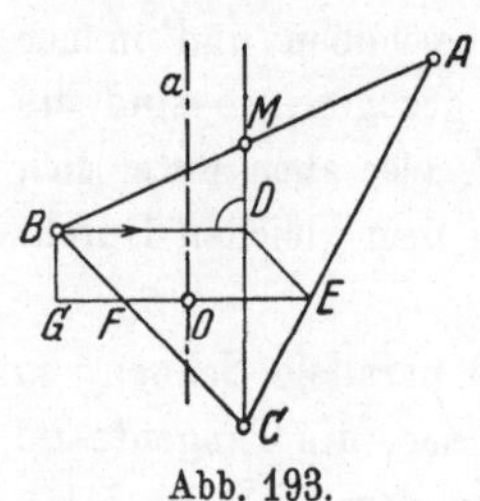

Abb. 193.

den Scheitel O, sowie die Achse a leicht auf folgende Art. — Die Projektion eines gegebenen Tangentenabschnittes hat die Länge BD. Die gleiche Länge hat die Projektion der gesuchten Scheiteltangente EF; diese steht zudem senkrecht zur Achsenrichtung MC. Mache daher $AM = BM$; $MC =$ Achsenrichtung. Ziehe BD senkrecht MC; DE parallel zur Tangente BC; EF senkrecht MC; EF ist die Scheiteltangente. — Den Scheitel O findet man auf Grund von Satz b, Abschnitt 2 dieses Paragraphen. Man fällt von B das Lot BG auf EF und macht $GF = FO$. O ist der Scheitel; a ist die Parabelachse senkrecht zu EF.

8. Inhalt eines Parabelsegments. Nach den Entwicklungen in Abschnitt 6 ist in Abb. 194 $HJ = HP$; ferner ist $CD = 2 \cdot EG$; somit ist der Inhalt des dem Parabelsegment einbeschriebenen Dreiecks CHD doppelt so groß, wie der des Dreiecks EPG, dessen Seiten Tangentenabschnitte sind. Zieht man $KN \| HD$ an die Parabel, so ist aus dem gleichen Grunde $\triangle DHM = 2 \cdot \triangle KNG$. Indem man so fortfährt, erhält man immer mehr eingeschriebene Dreiecke, die nach und nach das Parabelsegment vollständig ausfüllen, während die außerhalb der Parabel liegenden Dreiecke gleichzeitig das Flächenstück zwischen den Tangenten PC und PD und dem Parabelbogen immer besser überdecken. Da nun jedes im Parabelsegment liegende Dreieck immer das Doppelte von dem entsprechenden außerhalb liegenden Dreieck ist, so ist auch die Summe der einbeschriebenen Dreiecke doppelt so groß wie die Summe der anbeschriebenen, daher ist schließlich das Parabelsegment gleich zwei Dritteln des von der Sehne und den Tangenten in ihren Endpunkten gebildeten Dreiecks, oder: Das Parabelsegment ist gleich zwei Dritteln des Parallelogramms oder Rechtecks, das die Sehne s als Seite und die Höhe h des Parabelsegments als Höhe besitzt.

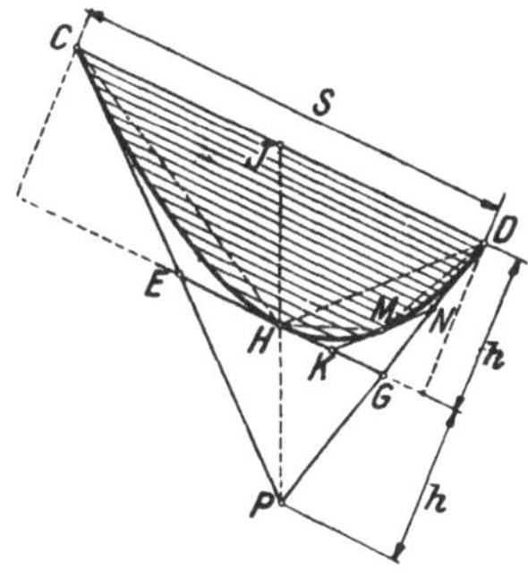

Abb. 194.

$$J = \frac{2}{3}\, s h.$$

9. Krümmungskreis für den Scheitel der Parabel. Wir begnügen uns mit der Angabe des Resultats: Der Radius des Kreises, welcher sich im Scheitel möglichst enge an die Parabel anschmiegt, ist gleich der Entfernung des Brennpunktes von der Leitlinie oder gleich dem doppelten Abstand des Brennpunktes vom Scheitel.

$$r = p = 2 \cdot FS.$$

Siehe die Abb. 183, 188, 191.

10. Einige Aufgaben. a) Man zeichne ein Rechteck mit der Grundlinie $AB = 2a = 30$ cm und der Höhe $b = BC = 6$ cm. Die vierte Ecke sei D. Konstruiere einen Parabelbogen, der durch A und B geht und CD in der Mitte O berührt. Der Mittelpunkt von AB sei E. Man zerlege AB in 10 Abschnitte von je 3 cm Länge und errichte in den Teilpunkten Ordinaten $y \perp AB$ bis zur Parabel. Zeige, daß sich jedes y aus $y = b - \dfrac{b}{a^2} \cdot x^2$ berechnen läßt, wenn x den Abstand der Ordinate y von OE bedeutet. Für die gegebenen Zahlen ist $y = 6 - \dfrac{6}{225} \cdot x^2$ oder $y = 6 - \dfrac{8}{300} \cdot x^2$. Setze für x einige Werte ein und prüfe die Resultate durch Nachmessen an der Zeichnung. Der Inhalt des Segments ist 120 cm². Der Abstand des Brennpunktes von O ist $\dfrac{a^2}{4b} = 9{,}375$ cm. Krümmungsradius $r = 2 \cdot 9{,}375 = 18{,}75$ cm. Zeichne den Kreisbogen durch AOB nach Aufgabe 27, § 14. Welche Bedeutung haben nach der Figur wohl die einzelnen Glieder der in § 10 für ein Kreissegment gegebenen Näherungsformel:

$$J = \frac{2}{3} s h + \frac{h^3}{2s}?$$

b) Es ist der Inhalt der in Abb. 195 gezeichneten Fläche $ABDGC$ zu berechnen. CGD ist ein Parabelbogen, der EF in der Mitte G berührt.

$$J = \text{Trapez} + \text{Parabelsegment} = \frac{y_0 + y_2}{2} \cdot 2x + \frac{2}{3} \cdot 2x \cdot h$$

$$= (y_0 + y_2)\, x + x \cdot \frac{4}{3}\, h = \frac{x}{3}\, (3y_0 + 3y_2 + 4h).$$

Berechnet man h aus $y_0 y_1 y_2$ und setzt den Wert ein, so erhält man:

$$J = \frac{x}{3}\, (y_0 + 4y_1 + y_2).$$

Die gleiche Formel gilt, wie man leicht nachweisen kann, auch dann, wenn der Parabelbogen CGD nach unten gekrümmt ist, oder wenn unten und oben Parabelbogen Begrenzungslinien sind.

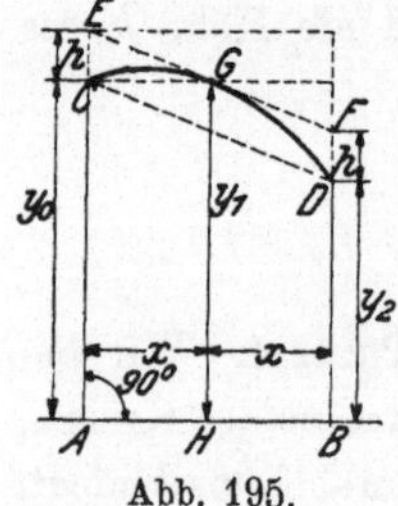

Abb. 195.

Auf der abgeleiteten Formel beruht die Simpsonsche Formel (§ 7). Ist nämlich eine krummlinig begrenzte Figur (siehe Abb. 71) zu berechnen, so zerlegt man die ganze Fläche in eine gerade Anzahl gleich breiter Streifen und faßt je zwei aufeinander folgende zu einer Gruppe wie in Abb. 195 zusammen. Die Kurvenbogen, die zwischen den einzelnen Ordinaten liegen, faßt man näherungsweise als Parabelbogen auf; es ist dann der Inhalt der ganzen Fläche näherungsweise gegeben durch

$$J = \frac{x}{3}\, (y_0 + 4y_1 + y_2) + \frac{x}{3}\, (y_2 + 4y_3 + y_4) + \cdots,$$

was sich schließlich in die Simpsonsche Formel (§ 7) umformen läßt.

§ 21. Die Hyperbel.

1. Die gleichseitige Hyperbel als Bild der Funktion

$$y = \frac{ab}{x}.$$

In der Abb. 196 ist ein Rechteck mit den Seiten 6 und 8 cm gezeichnet. Eine Ecke O ist als Anfangspunkt eines Koordinatensystems gewählt worden; die von O ausgehenden Rechtecksseiten bestimmen die Richtungen der Koordinatenachsen. P ist die O gegenüber liegende Ecke des Rechtecks. Wir wollen nun mehrere Rechtecke zeichnen, die alle den gleichen Inhalt ($6 \cdot 8 = 48$ cm²) haben und von denen immer zwei Seiten in den Koordinatenachsen liegen. Unsere Aufmerksamkeit richten wir dabei auf die verschiedenen Lagen der vierten Ecke P. Zur Grundlinie $x = 3$ cm gehört die Höhe $y = 48 : x = 16\,(P_1)$; zu

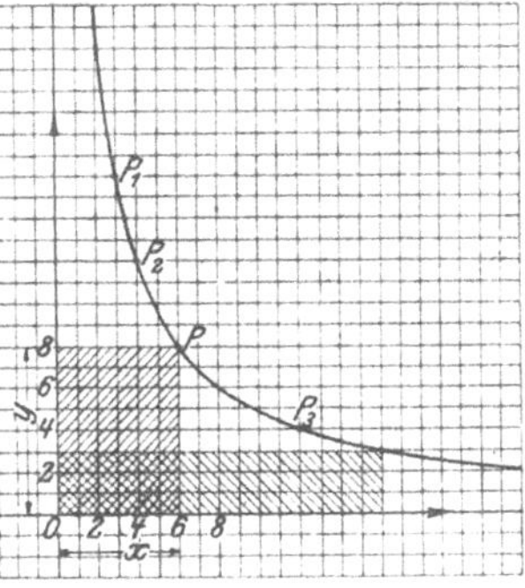

Abb. 196.

$x = 4$ gehört $y = 48 : 4 = 12\,(P_2)$ usw. Wir finden zu jeder beliebigen Grundlinie x die zugehörige Höhe y aus der Gleichung

$$y = \frac{48}{x}. \tag{1}$$

Je größer wir x wählen, desto kleiner wird y und umgekehrt. Wählen wir x 2, 3, 4 ... n-mal größer als ein gegebenes x, dann werden die y 2, 3, 4 ... n-mal kleiner als das zu dem gegebenen x gehörige y. Man sagt allgemein von zwei Größen x und y, die in einem solchen Zusammenhang stehen, sie seien „umgekehrt proportional". Wächst die eine Größe, z. B. x, ununterbrochen, dann sinkt die andere, y, beständig und die Punkte P durchlaufen eine zusammenhängende, stetige Kurve, die man Hyperbel, im besondern „gleichseitige Hyperbel" nennt.

Wählen wir statt 48 cm² einen andern Inhalt, dann erhalten wir wieder eine andere Hyperbel. Sind a und b die Seiten eines Rechtecks, x und y die Seiten eines andern inhaltsgleichen Rechtecks, dann ist immer

$$y = \frac{ab}{x}. \tag{2}$$

Jeder Gleichung von der Form (2) entspricht in einem Koordinatensystem eine gleichseitige Hyperbel. Die Rechtecke, die man aus den Koordinaten eines beliebigen Punktes der Kurve bilden kann, haben den konstanten Inhalt ab.

2. Erste Konstruktion der Hyperbel. Ist ein Punkt P der Hyperbel im Koordinatensystem gegeben, dann kann man beliebig viele andere nach einer einfachen Konstruktion ermitteln (Abb. 197).

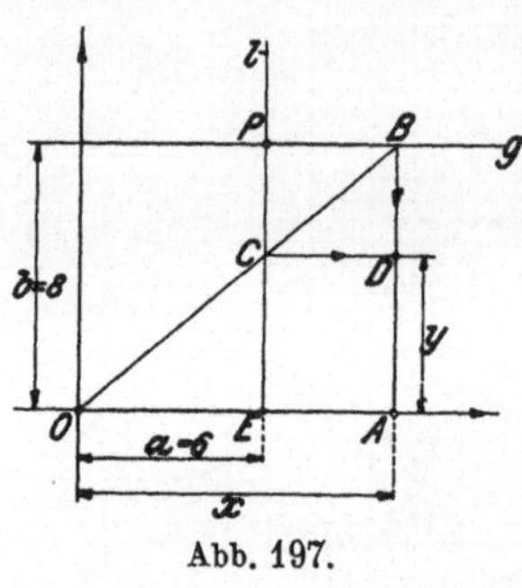

Abb. 197.

Ist P der gegebene Punkt mit den Koordinaten $a = 6$; $b = 8$ cm, dann ziehen wir durch ihn g parallel zur x- und l parallel zur y-Achse. Durch O ziehen wir eine beliebige Gerade, die g in B und l in C schneidet. Zieht man durch C eine Parallele zu g, durch B eine Parallele zu l, so ist der Schnittpunkt D ein Punkt der durch P gehenden Hyperbel.

Beweis: Das Dreieck OCE ist dem Dreieck OBA ähnlich. Daraus folgt $EC : OE = AB : OA$, oder mit Rücksicht auf die Bezeichnungen der Figur $(EC = AD = y)$

$$y : a = b : x,$$

daher ist:

$$y = \frac{ab}{x} = \left[\frac{48}{x}\right].$$

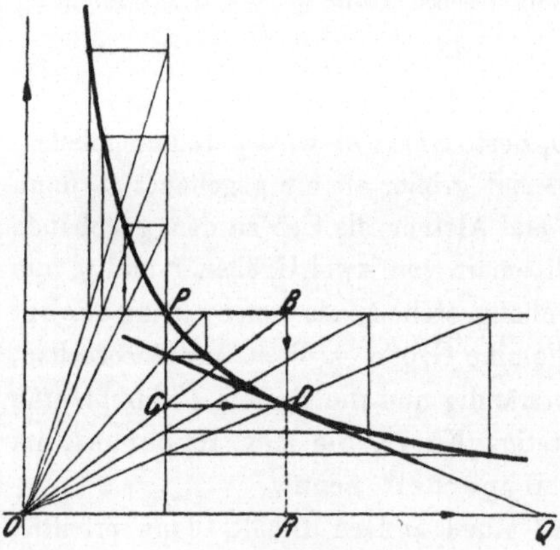

Indem wir von O aus verschiedene Gerade ziehen und die angegebene Konstruktion wiederholen, erhalten wir beliebig viele Punkte der Hyperbel (Abb. 198). Man kann auch B auf g, oder C auf l beliebig wählen, wodurch die Gerade OBC be-

Abb. 198.

stimmt ist. Man kann so für jede beliebige Parallele zur x- oder y-Achse den auf ihr liegenden Hyperbelpunkt bestimmen, sobald P gewählt ist.

3. Scheitel. Asymptoten. Zu jedem Rechteck $OEAD$ (Abb. 199), dessen längere Seite in der x-Achse liegt, gibt es ein kongruentes $OGBH$, das die längere Seite in der y-Achse hat. A und B liegen auf der Hyperbel. Die Diagonale OJ des Quadrates, das die beiden Rechtecke gemeinsam haben, geht in ihrer Verlängerung durch den Mittelpunkt C der Sehne AB und steht senkrecht auf ihr. Zu jedem beliebigen Punkte A gibt es also einen zur 45°-Linie symmetrisch gelegenen Punkt B, der auch auf der Hyperbel liegt. Die 45°-Linie ist eine Symmetrieachse der ganzen Kurve. Sie schneidet die Hyperbel in einem Punkte S, der Scheitel genannt wird.

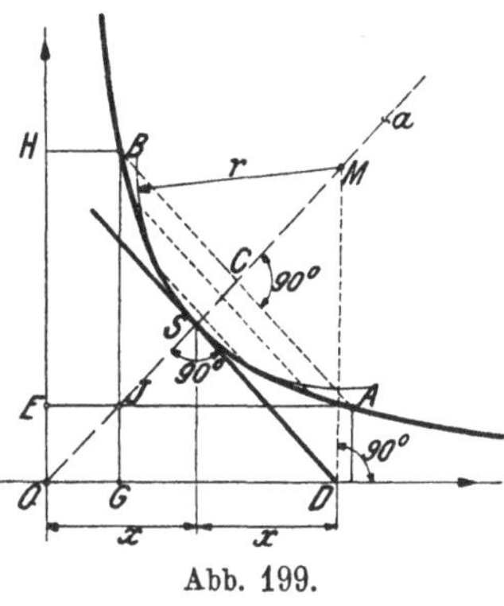

Abb. 199.

Wählt man in der Gleichung $y = 48 : x$ für x der Reihe nach die Werte 100, 1000, 1000000 cm, so werden die zugehörigen $y = 0{,}48$, $0{,}048$, $0{,}000048$ cm. Für ein über jeden endlichen Wert hinaus wachsendes x sinkt y unter jede noch so kleine angebbare Größe, d. h. je weiter wir nach rechts gehen, desto enger schmiegt sich die Kurve an die x-Achse; man sagt: die x-Achse berührt die Kurve erst im Unendlichen. Die x-Achse ist eine Tangente an einen unendlich fernen Punkt der Kurve. Tangenten, die von einem im Endlichen liegenden Punkte aus an unendlich ferne Punkte von Kurven gezogen werden können, nennt man Asymptoten. — Ganz genau so, wie die x-Achse, verhält sich aus Symmetriegründen die y-Achse. Die beiden Koordinatenachsen sind Asymptoten der gleichseitigen Hyperbel. Die Hyperbel ist, wie die Parabel, keine im Endlichen geschlossene Kurve, man kann immer nur ein Stück einer Hyperbel zeichnen.

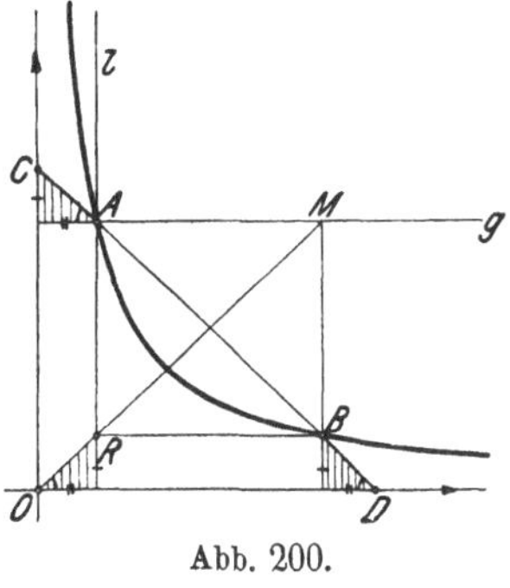

Abb. 200.

4. Zweite Konstruktion der Hyperbel. Es sei A in Abb. 200 ein beliebiger Punkt der Hyperbel, aus dem wir nach der ersten Konstruktion einen beliebigen zweiten Punkt B konstruieren. Wir verlängern die Sehne AB bis zu den Schnittpunkten C und D auf den Asymptoten. $AMBR$ ist ein Rechteck und die drei schraffierten Dreiecke sind, wie man leicht erkennen kann, kongruent. Daher ist $AC = BD$, d. h.: **zieht man eine beliebige Sekante durch die Hyperbel, so sind die Abschnitte zwischen der Hyperbel und den Asymptoten einander gleich.**

Diese bemerkenswerte Eigenschaft kann zu einer zweiten Konstruktion der Hyperbel verwertet werden, sofern ein Punkt und die Asymptoten bekannt sind (Abb. 201). Ist P der gegebene Punkt, dann zieht man durch ihn eine beliebige Gerade und trägt den Abschnitt von P bis zur einen Asymptote auf der gleichen Geraden von der andern Asymptote aus gegen P hin ab. Dabei braucht man die Geraden nicht immer durch den gleichen Punkt P zu ziehen; man kann auch einen der konstruierten Punkte, z. B. P_1, zur Konstruktion neuer Punkte benutzen.

5. Tangente in einem beliebigen Punkte der Hyperbel. Dreht man in Abb. 201 die Sekante PP_1 um P in die Lagen PP_2,

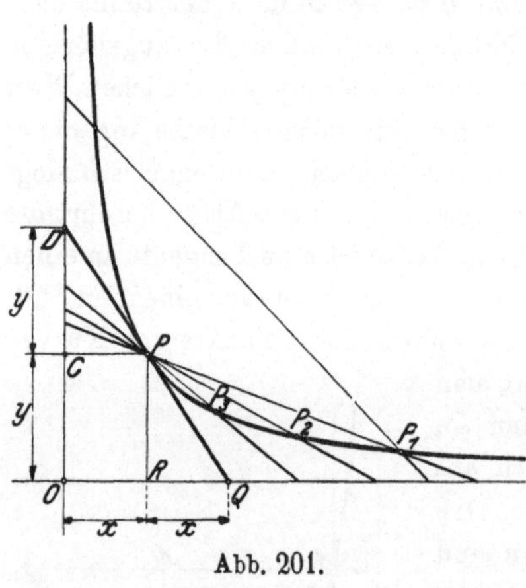

PP_3 usw., so rückt der von P verschiedene Punkt immer näher gegen P, bis er schließlich in der Grenzlage mit P zusammenfällt. Die Sekante ist zur Tangente geworden. Der Berührungspunkt P halbiert den zwischen den Asymptoten liegenden Abschnitt der Tangente. Soll also in P die Tangente konstruiert werden, so zieht man PR parallel zur einen Asymptote, macht $OQ = 2 \cdot OR = 2x$, dann ist PQ die Tangente. Ebenso könnte man PC parallel zur andern Asymptote ziehen. Macht man $OC = CD = y$, dann ist DP die Tangente. Siehe auch die Scheiteltangente in Abb. 199.

Abb. 201.

6. Vollständige gleichseitige Hyperbel. Mittelpunkt. Zentrische Symmetrie. Berücksichtigt man in der Gleichung $y = 48 : x$ auch negative Werte von x, so erhält man offenbar auch negative Werte von y. Zu $x = -6$ gehört z. B. $y = -8$. Faßt man diese

Werte wieder als Koordinaten von Punkten auf, so gelangt man zu Punkten im 3. Quadranten. Zu zwei Abszissen x, die dem

absoluten Werte nach gleich, dem Vorzeichen nach aber entgegengesetzt sind, gehören zwei Punkte P und P_1 (Abb. 202), die auf einer durch O gehenden Geraden liegen und es ist $OP=OP_1$, wie sich aus der Kongruenz der schraffierten Dreiecke ergibt. Die den negativen x entsprechenden Punkte liegen auf einer zweiten Kurve, die zu der früher besprochenen zentrisch-symmetrisch liegt. Beide Kurven zusammen bilden erst eine

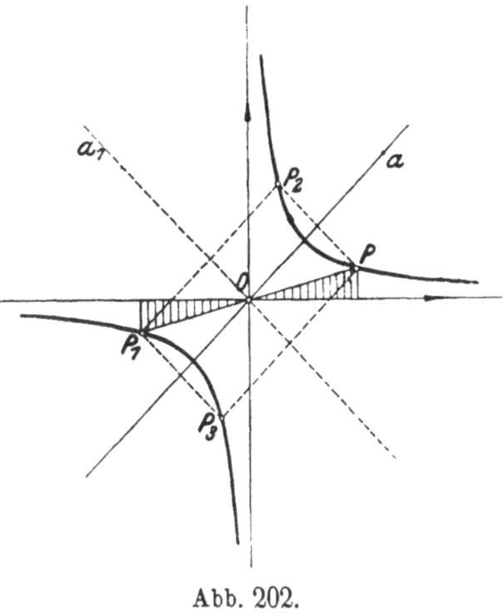

Abb. 202.

vollständige gleichseitige Hyperbel, während eine Kurve allein ein Hyperbelast genannt wird. O heißt der Mittelpunkt der Hyperbel. Die beiden Äste einer Hyperbel sind in bezug auf den

Mittelpunkt O zentrisch-symmetrisch, d. h. der eine Ast kann mit dem andern durch Drehung um 180^0 zur Deckung gebracht werden.

7. Zweite Gleichung einer gleichseitigen Hyperbel. In der Abb. 203 beziehen wir die Hyperbel auf ein neues Koordinatensystem. Als X-Achse wählen wir die Halbierungslinie des Winkels zwischen den Asymptoten.

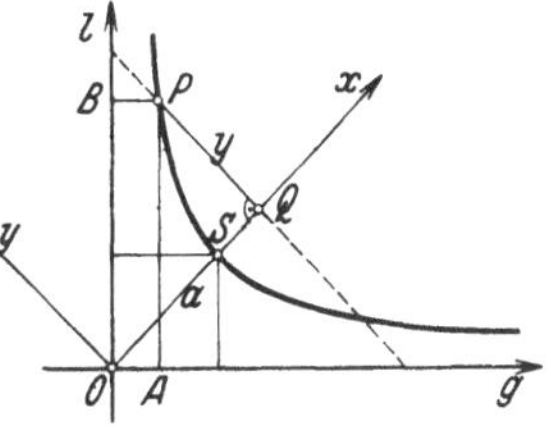

Abb. 203.

Ein beliebiger Punkt P der Hyperbel hat dann in Bezug auf g und l die Koordinaten $OA = u$ und $AP = v$; in Bezug auf das neue (gedrehte) Koordinatensystem sind seine Koordinaten $OQ = x$ und $QP = y$. Der Scheitel S habe von O die Entfernung a. Der Inhalt des Rechtecks $OAPB$ ist dann auch gleich $a^2 : 2$. Zwischen u, v und x, y bestehen, wie aus der Abb. 203 abzulesen ist, die Beziehungen

$$u = (x-y) \cdot \frac{1}{2}\sqrt{2} \qquad\qquad v = (x+y) \cdot \frac{1}{2}\sqrt{2}$$

Daraus folgt durch Multiplikation

$$u v = (x^2 - y^2) \cdot \frac{1}{2} = \frac{a^2}{2}, \text{ oder}$$

$$x^2 - y^2 = a^2 \quad \ldots \ldots (1)$$

Man nennt dies die Gleichung der gleichseitigen Hyperbel bezogen auf die X- und Y-Achse. (1) kann auch geschrieben werden.

$$PQ = y = \sqrt{x^2 - a^2} \quad \ldots (2)$$

Zu jedem beliebigen x kann hieraus die Ordinate y berechnet werden, wenn die Entfernung a des Scheitels von O gegeben ist.

8. Allgemeine Hyperbel. In der Abb. 204 ist die Hyperbel der Abb. 203 mit den Asymptoten g und l um 45^0 gedreht worden, so daß die X-Achse horizontal liegt. Aus dieser (gestrichelt gezeichneten) Hyperbel leiten wir durch Affinität eine neue Kurve ab, die man ebenfalls Hyperbel nennt. Die X-Achse wählen wir zur Affinitätsachse; das Affinitätsverhältnis sei etwa dadurch bestimmt, daß wir verlangen, die Gerade l durch O solle in die Gerade l' durch O übergehen und im besonderen der Punkt A auf l in dem Punkt A' auf l'. Nennen wir: $A'S = b$, $AS = OS = a$, dann ist das Affinitätsverhältnis $n = b : a$. Wir erhalten somit aus einer beliebigen

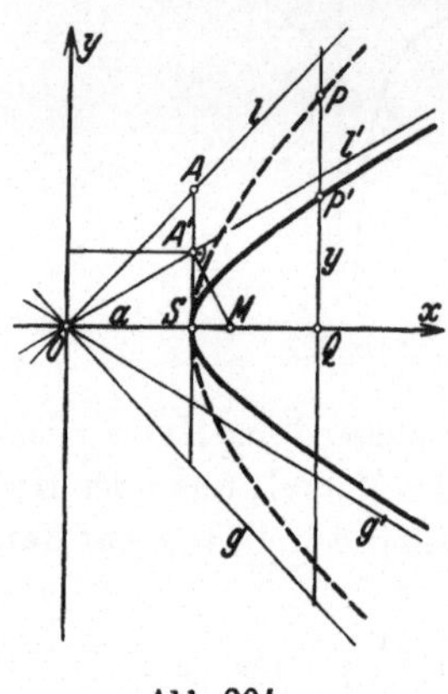
Abb. 204.

Ordinate PQ der gleichseitigen Hyperbel die entsprechende Ordinate $P'Q$ der allgemeinen Hyperbel, indem wir sie mit $b : a$ multiplizieren.

$$P'Q = \frac{b}{a} \cdot PQ \quad \text{oder nach Gleichung (2)}$$

$$y = \frac{b}{a} \sqrt{x^2 - a^2} \quad \ldots \ldots \ldots \ldots (3)$$

Dies ist die Gleichung der neuen, allgemeinen Hyperbel. g' und l' sind ihre Asymptoten, aber sie stehen nicht mehr, wie bei der gleichseitigen Hyperbel, aufeinander senkrecht. Aus (3) folgt durch Quadrieren und Ordnen

$$\frac{x^2}{a^2} - \frac{y^2}{b^2} = 1 \quad \ldots \ldots \ldots \ldots \ldots (4)$$

Die zwei früher besprochenen Konstruktionen, die für die gleichseitige Hyperbel abgeleitet wurden, gelten auf Grund der Sätze 4 und 5 über affine Figuren ohne weiteres auch für die allgemeine Hyperbel. Auch die Gleichheit der Parallelogramme (mit einem Hyperbelpunkt als Ecke und den zwei Gegenseiten in den Asymp-

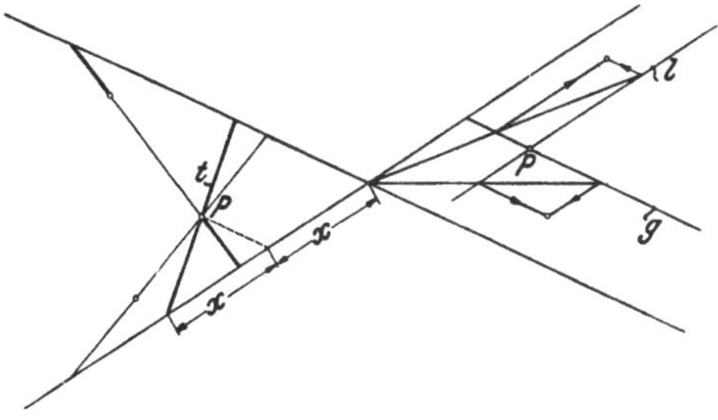

Abb. 205.

toten) stimmt immer noch. Die Abb. 205 weist auf die zwei besprochenen Konstruktionen hin; nur bedeuten darin g und l nicht die Asymptoten, sondern die zwei durch P gezogenen Hilfsgeraden g und l der Abb. 197.

9. Brennpunkte. Bei der Ellipse gab es zwei Punkte F_1 und F_2, für welche die **Summe** der Abstände eines beliebigen Kurvenpunktes konstant war. Bei jeder Hyperbel gibt es zwei Punkte, für welche die **Differenz** der Abstände konstant $= 2a$ ist.

Um das nachzuweisen, gehen wir von dem Rechteck $ABCD$ der Abb. 206 aus. Die Seiten des Rechtecks sind $2a$ und $2b$; $OS = a$; $SA = b$; seine Diagonalen sind die Asymptoten der Hyperbel. Der dem Rechteck umschriebene Kreis schneidet die X-Achse in den zwei Punkten F_1 und F_2, die wir ebenfalls Brennpunkte nennen. Wir bezeichnen die Entfernung $OF_1 = OA = \sqrt{a^2 + b^2}$ mit c. Es ist also

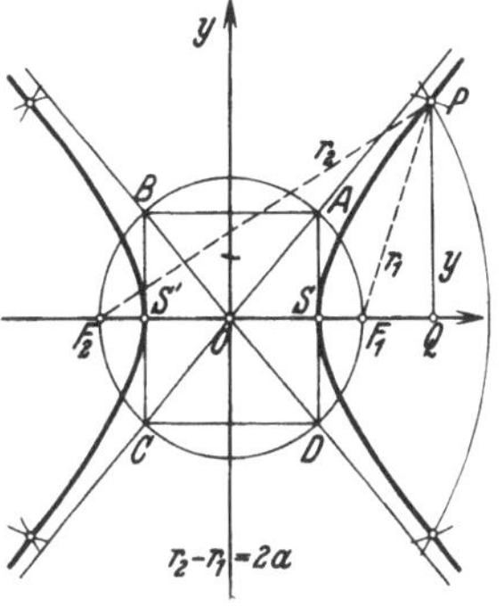

Abb. 206.

$$c^2 = a^2 + b^2 \quad \ldots \ldots \ldots (5)$$

Ist nun P ein beliebiger Hyperbelpunkt, sind $PF_1 = r_1$ und $PF_2 = r_2$ seine „Brennstrahlen", x und y die Koordinaten von P, dann folgt aus dem Dreieck F_2PQ:

$$r_2^2 = (c + x)^2 + y^2 \quad \ldots \ldots \text{ oder nach (3)}$$

$$r_2^2 = c^2 + 2\,cx + x^2 + \frac{b^2}{a^2} x^2 - b^2$$

$$r_2^2 = (c^2 - b^2) + 2\,cx + \frac{a^2 + b^2}{a^2} x^2$$

oder nach (5) $\quad r_2^2 = a^2 + 2\,cx + \dfrac{c^2}{a^2} x^2 = \left(u + \dfrac{c}{a} x\right)^2$; somit

$$r_2 = a + \frac{c}{a}\, x$$

Ähnlich findet man

$$r_1 = -\,a + \frac{c}{a}\, x, \text{ woraus folgt}$$

$$\boldsymbol{r_2 - r_1 = 2\,a} \quad \ldots \ldots \ldots \ldots \ldots (6)$$

Die Hyperbel ist somit auch der Ort aller Punkte in einer Ebene, für welche die Differenz der Abstände von zwei festen Punkten der Ebene konstant ist.

Hiernach läßt sich eine Hyperbel leicht konstruieren, wenn die Scheitel S und S' $(SS' = 2\,a)$ und die Brennpunkte F_1 und F_2 gegeben sind. Man schlägt um F_1 und F_2 Kreisbogen mit dem Radius $r_2 = 2\,a + u$, worin u eine beliebige Strecke bedeutet. Dann schneidet man diese Kreisbogen mit zwei neuen Kreisbogen um F_1 und F_2, mit den Radien $r_1 = u$. Für die 4 Schnittpunkte ist dann offenbar $r_2 - r_1 = 2\,a$. Aus dieser Konstruktion folgt wiederum die Symmetrie der Hyperbel in Bezug auf die Koordinatenachsen.

In der Abb. 204 ist noch gezeigt, wie man den Krümmungskreis im Scheitel s konstruiert. Im Schnittpunkt A' der Scheiteltangente mit der Asymptote l' errichtet man ein Lot auf die Asymptote; es trifft die X-Achse im Mittelpunkt M des Krümmungskreises.

Ellipse, Parabel und Hyperbel können als Schnittkurven von Ebenen mit der Mantelfläche eines Kreiskegels erhalten werden, weshalb sie auch den gemeinsamen Namen Kegelschnitte führen.

Zusammenstellung der wichtigsten Formeln.

Rechteck. Parallelogramm. $J = g \cdot h.$

Quadrat. $\qquad\qquad\qquad J = s^2 = \dfrac{d^2}{2}; \; d = s\sqrt{2} \; (d = \text{Diagonale}).$

Rhombus. $\qquad\qquad\qquad J = g\,h = \dfrac{D\,d}{2}.$

Tangentenvieleck. $\qquad\qquad J = \dfrac{u}{2} \cdot r \; (u = \text{Umfang}).$

Trapez. $\qquad\qquad\qquad J = \dfrac{a+b}{2} \cdot h = m \cdot h \; (m = \text{Mittellinie}).$

Krummlinig begrenzte unregelmäßige Figuren.

$$J = S + \frac{2}{3}(T - S).$$

$$J = \frac{h}{3\,n}\left[y_0 + y_n + 4\,(y_1 + y_3 + \ldots) + 2\,(y_2 + y_4 + \ldots)\right].$$

Simpsonsche Formel.

Dreieck. $\;\; J = \dfrac{g\,h}{2} = \sqrt{s\,(s-a)\,(s-b)\,(s-c)}; \quad (s = \text{halber Umfang}).$

Rechtwinkliges Dreieck.

$$a^2 + b^2 = c^2 \qquad a^2 = pc \qquad b^2 = qc \qquad h^2 = pq,$$

$$J = \frac{a\,b}{2} = \frac{c\,h}{2}, \text{ daraus folgt } h = \frac{a\,b}{c}.$$

Rechtwinkliges Dreieck mit den Winkeln 45°.

Hypotenuse = Kathete $\times \sqrt{2}$.

Rechtwinkliges Dreieck mit den Winkeln 30° und 60°.

Große Kathete = kleine Kathete $\times \sqrt{3}$,

Hypotenuse = 2 $\times$ kleine Kathete.

Gleichseitiges Dreieck.

$$h = \frac{s}{2}\sqrt{3}, \qquad\qquad\qquad J = \frac{s^2}{4}\sqrt{3} = \frac{h^2}{3}\sqrt{3}.$$

Kreis. Umfang $u = 2\pi r = \pi d,$

Inhalt $J = r^2\pi = \dfrac{d^2}{4}\pi = u \cdot \dfrac{r}{2},$

Kreisring $J = \pi\,(R^2 - r^2) = u_m \cdot w \;\; (u_m = \text{mittlerer Umfang}).$

$$\text{Bogen } b = \frac{r\pi}{180}\,\alpha^0 = r\,\widehat{\alpha} = \sim \frac{8s_1 - s}{3},$$

Bogenmaß und Gradmaß eines Winkels

$$\widehat{\alpha} = \frac{\pi}{180} \cdot \alpha^0 \qquad\qquad \alpha^0 = \frac{180^{\circ}}{\pi} \cdot \widehat{\alpha},$$

$$\text{Sektor } J = \frac{r^2\pi}{360}\,\alpha^0 = \frac{br}{2} = r^2\,\frac{\widehat{\alpha}}{2},$$

$$\text{Kreisringsektor } J = b_m \cdot w \quad (b_m = \text{mittlerer Bogen},$$

$$\text{Segment } J = \sim \frac{2}{3}\,sh \quad (s = \text{Sehne}),$$

$$J = \sim \frac{2}{3}\,sh + \frac{h^3}{2s}.$$

Ellipse. $\qquad J = ab\pi,$

$$u = \sim \pi\,(a + b)\left[1 + \frac{1}{4}\left(\frac{a - b}{a + b}\right)^2\right].$$

Parabelsegment. $\qquad J = \frac{2}{3}\,sh.$

Dreieck und Kreis.

Inkreis (Winkelhalbierende) $r = J : s,$

Ankreise (Winkelhalbierende) $r_a = J : (s - a),$

$$r_b = J : (s - b),$$

$$r_c = J : (s - c),$$

Umkreis (Mittelsenkrechte) $R = \dfrac{abc}{4J}.$

Ähnliche Figuren. $\quad \dfrac{a}{a_1} = \dfrac{b}{b_1} = \dfrac{c}{c_1} = \ldots = \dfrac{1}{n},$

$$J : J_1 = 1 : n^2 = a^2 : a_1^2 = b^2 : b_1^2 \ldots$$

Die griechischen Buchstaben.

$A,$	α	Alpha	$I,$	ι	Iota	$P,$	ϱ	Rho
$B,$	β	Beta	$K,$	$\varkappa$	Kappa	$\Sigma,$	σ, ς	Sigma
$\Gamma,$	γ	Gamma	$\Lambda,$	λ	Lambda	$T,$	τ	Tau
$\Delta,$	δ	Delta	$M,$	μ	My	$Y,$	υ	Ypsilon
$E,$	ε	Epsilon	$N,$	ν	Ny	$\Phi,$	φ	Phi
$Z,$	ζ	Zeta	$\Xi,$	ξ	Xi	$X,$	χ	Chi
$H,$	η	Eta	$O,$	o	Omikron	$\Psi,$	ψ	Psi
$\Theta,$	ϑ	Theta	$\Pi,$	π	Pi	$\Omega,$	ω	Omega.

I. Bogenlängen, Bogenhöhen, Sehnenlängen und Kreisabschnitte für den Halbmesser = 1.

Zentriwinkel in Grad	Bogenlänge $b:r=\hat{a}$	Bogenhöhe $h:r$	Sehnenlänge $s:r$	Inhalt des Kreisabschnittes $J:r^2$	Zentriwinkel in Grad	Bogenlänge $b:r=\hat{a}$	Bogenhöhe $h:r$	Sehnenlänge $s:r$	Inhalt des Kreisabschnittes $J:r^2$
1	0,0175	0,0000	0,0175	0,00 000	47	0,8203	0,0829	0,7975	0,04 448
2	0,0349	0,0002	0,0349	0,00 000	48	0,8378	0,0865	0,8135	0,04 731
3	0,0524	0,0003	0,0524	0,00 001	49	0,8552	0,0900	0,8294	0,05 025
4	0,0698	0,0006	0,0698	0,00 003	50	0,8727	0,0937	0,8452	0,05 331
5	0,0873	0,0010	0,0872	0,00 006	51	0,8901	0,0974	0,8610	0,05 649
6	0,1047	0,0014	0,1047	0,00 010	52	0,9076	0,1012	0,8767	0,05 978
7	0,1222	0,0019	0,1221	0,00 015	53	0,9250	0,1051	0,8924	0,06 319
8	0,1396	0,0024	0,1395	0,00 023	54	0,9425	0,1090	0,9080	0,06 673
9	0,1571	0,0031	0,1569	0,00 032	55	0,9599	0,1130	0,9235	0,07 039
10	0,1745	0,0038	0,1743	0,00 044	56	0,9774	0,1171	0,9389	0,07 417
11	0,1920	0,0046	0,1917	0,00 059	57	0,9948	0,1212	0,9543	0,07 808
12	0,2094	0,0055	0,2091	0,00 076	58	1,0123	0,1254	0,9696	0,08 212
13	0,2269	0,0064	0,2264	0,00 097	59	1,0297	0,1296	0,9848	0,08 629
14	0,2443	0,0075	0,2437	0,00 121	60	1,0472	0,1340	1,0000	0,09 059
15	0,2618	0,0086	0,2611	0,00 149	61	1,0647	0,1384	1.0151	0,09 502
16	0,2793	0,0097	0,2783	0,00 181	62	1,0821	0,1428	1,0301	0,09 958
17	0,2967	0,0110	0,2956	0,00 217	63	1,0996	0,1474	1,0450	0,10 428
18	0,3142	0,0123	0,3129	0,00 257	64	1,1170	0,1520	1,0598	0,10 911
19	0,3316	0,0137	0,3301	0,00 302	65	1,1345	0,1566	1,0746	0,11 408
20	0,3491	0,0152	0,3473	0,00 352	66	1,1519	0,1613	1,0893	0,11 919
21	0,3665	0,0167	0,3645	0,00 408	67	1,1694	0,1661	1,1039	0,12 443
22	0,3840	0,0184	0,3816	0,00 468	68	1,1868	0,1710	1,1184	0,12 982
23	0,4014	0,0201	0,3987	0,00 535	69	1,2043	0,1759	1,1328	0,13 535
24	0,4189	0,0219	0,4158	0,00 607	70	1,2217	0,1808	1,1472	0,14 102
25	0,4363	0,0237	0,4329	0,00 686	71	1,2392	0,1859	1,1614	0,14 683
26	0,4538	0,0256	0,4499	0,00 771	72	1,2566	0,1910	1,1756	0,15 279
27	0,4712	0,0276	0,4669	0,00 862	73	1,2741	0,1961	1,1896	0,15 889
28	0,4887	0,0297	0,4838	0,00 961	74	1,2915	0,2014	1,2036	0,16 514
29	0,5061	0,0319	0,5008	0,01 067	75	1,3090	0,2066	1,2175	0,17 154
30	0,5236	0,0341	0,5176	0,01 180	76	1,3265	0,2120	1,2313	0,17 808
31	0,5411	0,0364	0,5345	0,01 301	77	1,3439	0,2174	1,2450	0,18 477
32	0,5585	0,0387	0,5513	0,01 429	78	1,3614	0,2229	1,2586	0,19 160
33	0,5760	0,0412	0,5680	0,01 566	79	1,3788	0,2284	1,2722	0,19 859
34	0,5934	0,0437	0,5847	0,01 711	80	1,3963	0,2340	1,2856	0,20 573
35	0,6109	0,0463	0,6014	0,01 864	81	1,4137	0,2396	1,2989	0,21 301
36	0,6283	0,0489	0,6180	0,02 027	82	1,4312	0,2453	1,3121	0,22 045
37	0,6458	0,0517	0,6346	0,02 198	83	1,4486	0,2510	1,3252	0,22 804
38	0,6632	0,0545	0,6511	0,02 378	84	1,4661	0,2569	1,3383	0,23 578
39	0,6807	0,0574	0,6676	0,02 568	85	1,4835	0,2627	1,3512	0,24 367
40	0,6981	0,0603	0,6840	0,02 767	86	1,5010	0,2686	1,3640	0,25 171
41	0,7156	0,0633	0,7004	0,02 976	87	1,5184	0,2746	1,3767	0,25 990
42	0,7330	0,0664	0,7167	0,03 195	88	1,5359	0,2807	1,3893	0,26 825
43	0,7505	0,0696	0,7330	0,03 425	89	1,5533	0,2867	1,4018	0,27 675
44	0,7679	0,0728	0,7492	0,03 664	90	1,5708	0,2929	1,4142	0,28 540
45	0,7854	0,0761	0,7654	0,03 915					
46	0,8029	0,0795	0,7815	0,04 176					

Zentriwinkel in Grad	Bogenlänge $b:r=\hat{a}$	Bogenhöhe $h:r$	Sehnenlänge $s:r$	Inhalt des Kreisabschnittes $J:r^2$	Zentriwinkel in Grad	Bogenlänge $b:r=\hat{a}$	Bogenhöhe $h:r$	Sehnenlänge $s:r$	Inhalt des Kreisabschnittes $J:r^2$
91	1,5882	0,2991	1,4265	0,29 420	137	2,3911	0,6335	1,8608	0,85 455
92	1,6057	0,3053	1,4387	0,30 316	138	2,4086	0,6416	1,8672	0,86 971
93	1,6232	0,3116	1,4507	0,31 226	139	2,4260	0,6498	1,8733	0,88 497
94	1,6406	0,3180	1,4627	0,32 152	140	2,4435	0,6580	1,8794	0,90 034
95	1,6581	0,3244	1,4746	0,33 093	141	2,4609	0,6662	1,8853	0,91 580
96	1,6755	0,3309	1,4863	0,34 050	142	2,4784	0,6744	1,8910	0,93 135
97	1,6930	0,3374	1,4979	0,35 021	143	2,4958	0,6827	1,8966	0,94 700
98	1,7104	0,3439	1,5094	0,36 008	144	2,5133	0,6910	1,9021	0,96 274
99	1,7279	0,3506	1,5208	0,37 009	145	2,5307	0,6993	1,9074	0,97 858
100	1,7453	0,3572	1,5321	0,38 026	146	2,5482	0,7076	1,9126	0,99 449
101	1,7628	0,3639	1,5432	0,39 058	147	2,5656	0,7160	1,9176	1,01 050
102	1,7802	0,3707	1,5543	0,40 104	148	2,5831	0,7244	1,9225	1,02 658
103	1,7977	0,3775	1,5652	0,41 166	149	2,6005	0,7328	1,9273	1,04 275
104	1,8151	0,3843	1,5760	0,42 242	150	2,6180	0,7412	1,9319	1,05 900
105	1,8326	0,3912	1,5867	0,43 333	151	2,6354	0,7496	1,9363	1,07 532
106	1,8500	0,3982	1,5973	0,44 439	152	2,6529	0,7581	1,9406	1,09 171
107	1,8675	0,4052	1,6077	0,45 560	153	2,6704	0,7666	1,9447	1,10 818
108	1,8850	0,4122	1,6180	0,46 695	154	2,6878	0,7750	1,9487	2,12 472
109	1,9024	0,4193	1,6282	0,47 844	155	2,7053	0,7836	1,9526	1,14 132
110	1,9199	0,4264	1,6383	0,49 008	156	2,7227	0,7921	1,9563	1,15 799
111	1,9373	0,4336	1,6483	0,50 187	157	2,7402	0,8006	1,9598	1,17 472
112	1,9548	0,4408	1,6581	0,51 379	158	2,7576	0,8092	1,9633	1,19 151
113	1,9722	0,4481	1,6678	0,52 586	159	2,7751	0,8178	1,9665	1,20 835
114	1,9897	0,4554	1,6773	0,53 807	160	2,7925	0,8264	1,9696	1,22 525
115	2,0071	0,4627	1,6868	0,55 041	161	2,8100	0,8350	1,9726	1,24 221
116	2,0246	0,4701	1,6961	0,56 289	162	2,8274	0,8436	1,9754	1,25 921
117	2,0420	0,4775	1,7053	0,57 551	163	2,8449	0,8522	1,9780	1,27 626
118	2,0595	0,4850	1,7143	0,58 827	164	2,8623	0,8608	1,9805	1,29 335
119	2,0769	0,4925	1,7233	0,60 116	165	2,8798	0,8695	1,9829	1,31 049
120	2,0944	0,5000	1,7321	0,61 418	166	2,8972	0,8781	1,9851	1,32 766
121	2,1118	0,5076	1,7407	0,62 734	167	2,9147	0,8868	1,9871	1,34 487
122	2,1293	0,5152	1,7492	0,64 063	168	2,9322	0,8955	1,9890	1,36 212
123	2,1468	0,5228	1,7576	0,65 404	169	2,9496	0,9042	1,9908	1,37 940
124	2,1642	0,5305	1,7659	0,66 759	170	2,9671	0,9128	1,9924	1,39 671
125	2,1817	0,5383	1,7740	0,68 125	171	2,9845	0,9215	1,9938	1,41 404
126	2,1991	0,5460	1,7820	0,69 505	172	3,0020	0,9302	1,9951	1,43 140
127	2,2166	0,5538	1,7899	0,70 897	173	3,0194	0,9390	1,9963	1,44 878
128	2,2340	0,5616	1,7976	0,72 301	174	3,0369	0,9477	1,9973	1,46 617
129	2,2515	0,5695	1,8052	0,73 716	175	3,0543	0,9564	1,9981	1,48 359
130	2,2689	0,5774	1,8126	0,75 144	176	3,0718	0,9651	1,9988	1,50 101
131	2,2864	0,5853	1,8199	0,76 584	177	3,0892	0,9738	1,9993	1,51 845
132	2,3038	0,5933	1,8271	0,78 034	178	3,1067	0,9825	1,9997	1,53 589
133	2,3213	0,6013	1,8341	0,79 497	179	3,1241	0,9913	1,9999	1,55 334
134	2,3387	0,6093	1,8410	0,80 970	180	3,1416	1,0000	2,0000	1,57 080
135	2,3562	0,6173	1,8478	0,82 454					
136	2,3736	0,6254	1,8544	0,83 949					

II. Bogenlängen für Minuten.

Minuten	Bogen-maß	Grad	Minuten	Bogen-maß	Grad	Minuten	Bogen-maß	Grad
1	0,0003	0,017	21	0,0061	0,350	41	0,0119	0,683
2	0,0006	0,033	22	0,0064	0,367	42	0,0122	0,700
3	0,0009	0,050	23	0,0067	0,383	43	0,0125	0,717
4	0,0012	0,067	24	0,0070	0,400	44	0,0128	0,733
5	0,0015	0,083	25	0,0073	0,417	45	0,0131	0,750
6	0,0017	0,100	26	0,0076	0,433	46	0,0134	0,767
7	0,0020	0,117	27	0,0079	0,450	47	0,0137	0,783
8	0,0023	0,133	28	0,0081	0,467	48	0,0140	0,800
9	0,0026	0,150	29	0,0084	0,483	49	0,0143	0,817
10	0,0029	0,167	30	0,0087	0,500	50	0,0145	0,833
11	0,0032	0,183	31	0,0090	0,517	51	0,0148	0,850
12	0,0035	0,200	32	0,0093	0,533	52	0,0151	0,867
13	0,0038	0,217	33	0,0096	0,550	53	0,0154	0,883
14	0,0041	0,233	34	0,0099	0,567	54	0,0157	0,900
15	0,0044	0,250	35	0,0102	0,583	55	0,0160	0,917
16	0,0047	0,267	36	0,0105	0,600	56	0,0163	0,933
17	0,0049	0,283	37	0,0108	0,617	57	0,0166	0,950
18	0,0052	0,300	38	0,0111	0,633	58	0,0169	0,967
19	0,0055	0,317	39	0,0113	0,650	59	0,0172	0,983
20	0,0058	0,333	40	0,0116	0,667	60	0,0175	1,000

Bogenlängen für Sekunden.

Sekunden	Bogenmaß
10″	0,000 05
20″	0,000 10
30″	0,000 15
40″	0,000 19
50″	0,000 24

Viel gebrauchte Zahlenwerte.

$$\pi = 3{,}1416 = \sim 3\tfrac{1}{7}, \qquad \sqrt{2} = 1{,}4142.$$

$$\frac{1}{\pi} = 0{,}3183, \qquad \sqrt{3} = 1{,}73205.$$

$$\frac{\pi}{180} = 0{,}01745, \qquad \sqrt{5} = 2{,}2361.$$

$$\frac{180}{\pi} = \varrho^\circ = 57{,}2958^\circ = \sim 57{,}3^\circ, \qquad \sqrt{6} = 2{,}4495.$$

Sachverzeichnis.